网店图片处理教程

主 编　卢　倩
副主编　郭露桑
参　编　张媛洁　施嘉怡

电子工业出版社

Publishing House of Electronics Industry
北京·BEIJING

内容简介

本书基于国家职业教育专业教学标准，结合电子商务行业的人才技能要求和岗位变化趋势，将理论知识与职业技能有机融合，通过多元化的学习资源，全方位培养学生的综合能力。本书分为 7 个模块，主要内容包括网店常用图片文件的设置，制作网店标志——形状工具的应用，调整图片色彩——调色工具的应用，修复瑕疵图片——修图工具的应用，制作淘金币白底图——抠图工具的应用，传达促销信息——文字工具的应用，以及制作促销海报——综合应用，系统地讲解网店美工人员处理图片时需要掌握的理论知识与专业技能。本书从实用的角度循序渐进地引导学生熟练进行网店图片处理，提高学生的实战能力。

本书内容丰富，图文并茂，讲解深入浅出，具有极强的实用性和参考价值，既适合作为职业院校电子商务专业学生的基础教材，也适合作为从事网店视觉设计工作的美工人员的学习参考书。

图书在版编目（CIP）数据

网店图片处理教程 / 卢倩主编 . -- 北京 ：电子工
业出版社，2024. 11. -- ISBN 978-7-121-49099-6

Ⅰ．TP391.413

中国国家版本馆 CIP 数据核字第 2024LP4907 号

责任编辑：寻翠政

印　　刷：北京捷迅佳彩印刷有限公司
装　　订：北京捷迅佳彩印刷有限公司
出版发行：电子工业出版社
　　　　　北京市海淀区万寿路173信箱　　　　邮编：100036
开　　本：880×1230　　1/16　　印张：15　　字数：336千字
版　　次：2024年11月第1版
印　　次：2024年11月第1次印刷
定　　价：49.80元

随着信息技术的飞速发展，电子商务作为一种新兴的商业模式，正在逐渐改变人们的生活方式和消费习惯。近年来，我国电子商务行业取得了长足的进步，2023年中国电子商务交易额高达46.83万亿元，行业从业人员近7000万，这一数字显示了电子商务在中国市场的强大活力和持续增长的趋势。未来，随着电子商务行业的不断繁荣，相关人才需求将持续增长，可以预见，高素质电子商务人才将变得炙手可热，"一人难求"的现象将成为常态。

2019年1月，国务院印发《国家职业教育改革实施方案》，明确指出：遴选认定一大批职业教育在线精品课程，建设一大批校企"双元"合作开发的国家规划教材，倡导使用新型活页式、工作手册式教材并配套开发信息化资源。《教育部办公厅关于加快推进现代职业教育体系建设改革重点任务的通知》（教职成厅函〔2023〕20号）指出：支持各地在"十四五"职业教育国家规划教材范围内建设2000种左右全国性职业教育产教融合优质教材。

为了贯彻落实党中央、国务院对职业教育改革的最新要求，满足新时代电子商务行业人才培养需求，本书以党的二十大精神为指引，以职业院校专业人才培养要求为核心，秉承"产教融合、协同育人"的理念，以"校企合作、双元开发"的方式，联合多家电子商务企业，运用现代信息技术，打造网店视觉领域教学新型教材，实现从逻辑松散化、碎片化、随意化向逻辑严谨化、系统化、规范化的转变。本书在编写上力求体现以下特色。

1. 聚焦"双元"育人目标，实现教材内容与思政元素的有机融合

本书以习近平新时代中国特色社会主义思想为指导，在内容的组织过程中，将数字经济、文化自信、平台规则等思政元素潜移默化地导入其中，同时将所学内容与学生应具备的职业素养进行巧妙融合，引导学生树立正确的价值观，提升综合能力和素养。

2. 贴近真实岗位场景，融入职业技能要求与能力标准

本书基于真实的电子商务企业场景，对网店美工岗位的核心技能进行提炼，强调以职业岗位中的典型工作领域为主线，以典型工作任务为载体，以职业能力为最小单元，将教学重点真正落实到岗位能力的培养上，实现岗位需求、教学目标、学习内容的有效结合，综合提高学生的职业素养和能力水平。

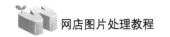

3. 搭建多元化资源体系，实现在线开放课程与教材的"互联网+"式互动

为了满足职业教育人才培养需求，提高人才培养效率，本书设置了在线开放课程，配套了微课、教学视频、动画、教学课件、典型案例、题库等数字化教学资源，只需扫描书中二维码，即可查看书中的各类教学资源。丰富的资源类型提高了学习的便利性和趣味性，实现了在线开放课程与教材的"互联网+"式互动。

4. 构建模块化的知识技能体系，解决逻辑构建与内容取舍难题

本书分为网店常用图片文件的设置，制作网店标志——形状工具的应用，调整图片色彩——调色工具的应用，修复瑕疵图片——修图工具的应用，制作淘金币白底图——抠图工具的应用，传达促销信息——文字工具的应用，以及制作促销海报——综合应用等七大模块。从基础技能的掌握到软件的综合运用，实现了模块内容横向的拓展和模块间纵向的延伸，体现了本书逻辑性、独立性和兼容性，既能满足教学需求，又能准确对应职业需求。

5. 深化以学生为本的教育理念，以趣引学，平衡学习体验与实际需求

在职业教育领域，学生能力水平的提升是衡量改革成效的关键指标，而激发学生的学习热情是实现这一目标的重要途径。本书摒弃传统思维模式，设计模拟岗位场景的教学活动，让学生在实践中学习，体验真实的工作环境，增强学习的趣味性和实用性。同时，将知识学习转化为工作任务，让学生在完成任务的过程中掌握技能，避免理论与实践脱节，提高学习的针对性和效率。本书利用互联网、多媒体等技术，提供丰富的数字化教学资源，使学生能够根据自己的进度和兴趣进行学习，并通过真实的实训设备，让学生在实践中学习，增强实践技能。

本书由杭州市西湖职业高级中学的卢倩担任主编，承担本书大纲编写、体例设计、全书的统稿和各项协调工作；由杭州市西湖职业高级中学的郭露桑担任副主编，承担本书的审读和图片素材的审查工作。具体分工如下：模块一和模块七由卢倩编写；模块二由张媛洁编写；模块三和模块四由郭露桑编写；模块五由施嘉怡编写；模块六由张媛洁和施嘉怡编写。

本书在编写过程中得到浙江润迅电话商务有限公司、中教畅享科技股份有限公司等诸多企业和浙江经贸职业技术学院、浙江商业职业技术学院等众多院校专家的大力支持，尤其是浙江省特级教师、正高级教师、杭州市西湖职业高级中学应旭萍老师的指导与帮助，在此一并感谢。

由于网店图片处理入门所涉及的知识与技能具有较强的时效性，加之编者水平有限，书中难免存在不足之处，敬请广大读者批评指正。

编　者

目 录

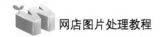
网店图片处理教程

模块一

网店常用图片文件的设置

🔔 **典型任务描述**

　　随着电子商务的快速发展，网购已经成为人们必不可少的购物方式。网店中的图片能够帮助商家更直观、有效地展示各种信息，吸引消费者的注意力，提升网店的经营效果。由于展示内容与使用目的不同，网店图片可以分为店标、店招、主图、详情页、轮播海报等。在主流电子商务平台中，对各类图片都有着明确的要求。以详情页图片为例，天猫平台中详情页的宽度建议为 790 像素或 750 像素，高度建议不超过 35000 像素，而京东平台中详情页的宽度要求为 990 像素，高度不限。身为电商小白，学习网店图片处理要做的第一件事就是了解 Photoshop 软件的界面组成，明确不同平台的图片规范，学会正确设置文件的基本参数。

🔔 **模块知识地图**

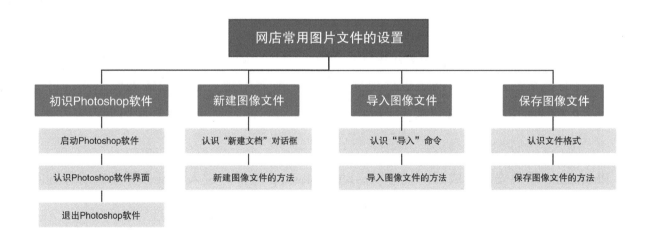

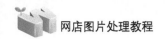

任务 1.1　初识 Photoshop 软件

 任务目标

- 知识目标：（1）了解 Photoshop 软件界面的组成部分。
  - （2）掌握启动和退出 Photoshop 软件的操作方法。
- 能力目标：（1）能够辨别 Photoshop 软件界面不同的组成部分。
  - （2）能够运用不同的方法启动并退出 Photoshop 软件。
- 素质目标：形成良好的职业素养，提升图像处理能力。

 任务实践

Adobe Photoshop 简称 Photoshop 或 PS，是一款对已有的位图图像进行编辑加工处理并运用一些特殊效果，以达到特定的视觉效果和艺术表达的图像处理软件。该软件具有图像编辑、图像合成、校色调色及功能色效制作等功能，广泛应用于平面设计、网页设计、视觉营销、界面设计、影像创意等领域。

随着互联网的普及，中国电子商务行业呈现高速发展趋势。相关数据显示，2023 年中国电子商务交易额达到 46.83 万亿元，约占全球电子商务总销售额的一半。商务部、中央网信办、发展改革委在联合发布的《"十四五"电子商务发展规划》中明确指出"在促进形成强大国内市场方面，以电子商务引领消费升级、推进商产融合、服务乡村振兴，推动服务业、制造业、农业等产业数字化"。市场规模的扩大与相关政策的引导，使得越来越多的个人或企业开始进军电子商务行业，市场竞争日益激烈。面对激烈的市场竞争，如何提高市场竞争力成为每位电子商务从业者都应考虑的问题。

对消费者来说，网店图片是吸引其目光的首要因素，因此图片视觉效果的好坏将直接决定消费者的消费欲望。在对网店进行视觉设计时，需要用到大量的图像处理工具。目前，Photoshop 软件是电子商务视觉设计中应用非常广泛的软件。下面对其界面组成进行介绍。

1. 启动 Photoshop 软件

Photoshop 软件安装完成后，就可以启动 Photoshop 软件，进入其操作界面。请仔细阅读操作要领，尝试通过不同的启动路径和方法来打开 Photoshop 软件。

操作要领

常见的启动 Photoshop 软件的方法有三种。

方法一：双击桌面的快捷方式图标，如图 1-1-1 所示。

方法二：在桌面左下角单击"开始"按钮，在"开始"菜单中找到 Photoshop 软件，单击其图标以启动应用程序，如图 1-1-2 所示。

方法三：在图片素材上右击，在弹出的快捷菜单中执行"打开方式"→"Adobe Photoshop CS6"命令同样可以启动 Photoshop 软件，如图 1-1-3 所示。

启动 Photoshop 软件的方法

图 1-1-1 双击图标　图 1-1-2 "开始"菜单　图 1-1-3 选择打开方式

2. 认识 Photoshop 软件界面

作为新手，首先要对 Photoshop 软件界面有清楚的认知，这样才能高效地使用软件进行操作。Photoshop 软件界面究竟是由哪几部分组成的？不同的组成部分分别有什么具体的功能呢？请阅读知识链接，并仔细观察电脑端的 Photoshop 软件界面，将结果填入表 1-1-1 中。

表 1-1-1　Photoshop 软件界面表

界面组成部分	所处位置	具体内容
示例：菜单栏	界面左侧	有"文件"、"编辑"、"图像"、"图层"、"文字"、"选择"、"滤镜"、"3D"、"视图"、"增效工具"、"窗口"和"帮助"菜单项

**知识链接**

Photoshop 软件界面的组成部分

Photoshop 软件在平面设计领域的应用非常广泛。无论是图书封面，

认识 Photoshop 软件

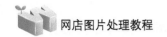

还是招贴、海报等具有丰富图像的平面印刷品，都可以使用 Photoshop 软件进行制作。Photoshop 软件具有强大的图像修饰功能，利用这些功能，不仅可以快速修复一张破损的老照片，还可以对有瑕疵的图片进行精修，如修复人脸上的斑点。对网店美工人员来说，熟练掌握 Photoshop 软件工具栏中各种工具的使用，才能顺利完成图像处理。

Photoshop 软件界面由菜单栏、工具栏、工具属性栏、浮动面板组、图像窗口和状态栏等部分组成，如图 1-1-4 所示。

图 1-1-4　Photoshop 软件界面

1）菜单栏

菜单栏包含了 Photoshop 软件中的所有命令，由"文件"、"编辑"、"图像"、"图层"、"文字"、"选择"、"滤镜"、"3D"、"视图"、"增效工具"、"窗口"和"帮助"菜单项组成，每个菜单项下内置了多个菜单命令，通过这些命令可以对图像进行各种编辑处理。

在"文件"菜单中可以执行"新建"、"打开"、"存储"、"关闭"、"导入"及"打印"等一系列针对文件的命令。在"编辑"菜单中可以执行编辑图像的命令，包括"还原"、"剪切"、"拷贝"、"粘贴"、"填充"、"变换"及"定义图案"等。在"图像"菜单中可以对整个画布的大小、色调等进行设置。在"图层"菜单中可以执行"新建"、"复制图层"、"图层蒙版"及"视频图层"等编辑图层的命令。"文字"菜单主要用于编辑文字，能够使文字具有艺术效果。"选择"菜单主要是用来对选区进行操作的，可以对选区执行"反向"、"修改"、"变换选区"、"扩大选取"及"载入选区"等命令，这些命令结合选择工具使用，能更加便捷地操作选区。"滤镜"菜单可以为图像提供各种特效。"3D"菜单可以制作多种立体效果，使图像呈现出更加立体的视觉感受。"视图"菜单可以对整个视图进行调整及设置，包括缩放视图、改变屏幕模式、显示标尺及设置参考线等。"增效工具"菜单主要用于扩展 Photoshop 工具的功能，如扩展滤镜、图像处理算法、图像处理插件、自动化工具等，通过此菜单可以帮助使用者更好地处理图像。"窗口"菜单可以对软件界面中的面板进行显示、隐藏等操作。"帮助"菜单可以引导用户到官网完成注册、查阅问题解决方案等。

2）工具栏

工具栏也被称为"工具箱"。在默认状态下，工具栏位于窗口左侧，包含用于选择和操作图像的工具（如"画笔工具""橡皮擦工具""直接选择工具"等），可以设置为"单列显示"或"双列显示"。工具栏是 Photoshop 软件界面中非常重要的部分，几乎可以完成图像处理过程中的所有操作。将鼠标指针移到工具栏的工具按钮上，会出现该工具的快捷键。工具栏中部分工具按钮右下角带有黑色小三角形标记，表示这是一个工具组，包含多个子工具，只需右击，即可显示其下全部子工具。

下面简单介绍几个工具栏中工具的使用方法。

水滴形状的图标是"模糊工具"，也被称为"柔化工具"，该工具组有三个子工具，分别为"模糊工具"、"锐化工具"和"涂抹工具"，如图 1-1-5 所示。这个工具组主要用来将涂抹的区域变模糊，使图像中指定区域的像素柔化，减少像素的细节，从而增强画面的整体视觉冲击力。

像钢笔头一样的图标是"钢笔工具"，该工具组有六个子工具，分别为"钢笔工具"、"自由钢笔工具"、"弯度钢笔工具"、"添加锚点工具"、"删除锚点工具"和"转换点工具"，如图 1-1-6 所示。钢笔工具组可以用来绘制路径，也可以将路径转换为形状与选区，还可以用来临摹图像，以及辅助抠图。

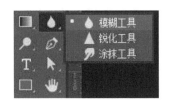

图 1-1-5 模糊工具组

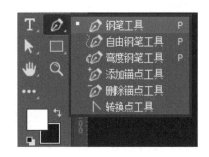

图 1-1-6 钢笔工具组

手型的图标是"抓手工具"，该工具组有两个子工具，分别为"抓手工具"和"旋转视图工具"，如图 1-1-7 所示。这个工具组的作用是将画布放大之后，当需要查看超出显示范围的地方时，可以使用"抓手工具"去移动，便于放大图案后对局部图案进行处理。当使用其他工具进行操作时，按住键盘上的"Space"键，可切换到"抓手工具"，松开"Space"键，将"抓手工具"切换回原来的工具。

放大镜形状的图标是"缩放工具"，就像它的名字一样，用来缩放图片的大小，是能将素材图片进行变大、变小的专用工具，可用于查看图片的细节，如图 1-1-8 所示。当使用其他工具进行操作时，按住"Ctrl"键，可切换到"缩放工具"，同时单击键盘上的"+"键或"-"键，即可放大或缩小画布，松开"Ctrl"键，将"缩放工具"切换回原来的工具。

图 1-1-7　抓手工具组　　　　　　　　　　图 1-1-8　"缩放工具"

工具栏中还有一些其他工具，这里不再过多介绍，但并不代表其不重要或不常用，读者可以在操作学习中熟悉其用法。

3）工具属性栏

在 Photoshop 软件中，大部分工具的属性设置显示在工具属性栏中，位于菜单栏的下方。在工具栏中选择不同工具后，工具属性栏也会随着当前工具的改变而变化，以便用户可以利用它来设置选用工具的各种属性。图 1-1-9 所示为"移动工具"的工具属性栏。

图 1-1-9　"移动工具"的工具属性栏

"矩形选框工具"的工具属性栏中有 4 个按钮，分别表示创建新选区、增加选区、减少选区，以及交叉选区，如图 1-1-10 所示。

（1）"新选区"按钮：如果图像中已有选区，则在图像中单击可以取消选区。

（2）"添加到选区"按钮：激活该按钮可以将新绘制的选区与已有选区相加。

（3）"从选区减去"按钮：激活该按钮可以使用新绘制的选区减去已有的选区，如果新绘制的选区范围包含了已有选区，则图像中无选区。

（4）"与选取交叉"按钮：激活该按钮可以将新绘制的选区与已有的选区相交，选区结果为相交的部分。如果新绘制的选区与已有选区无相交，则图像中无选区。

图 1-1-10　"矩形选框工具"的工具属性栏

另外，"羽化"属性用于调整选区边缘的融合程度，通过设定羽化值，可以使选区边缘的像素逐渐过渡，形成柔和的边界。羽化值越大，选区边缘的模糊程度和圆滑程度也越高，但可能会导致边缘细节的减少。勾选"消除锯齿"复选框后，选区边缘的锯齿将消除，但此复选框仅在使用"椭圆选框工具"时有效。

4）浮动面板组

浮动面板组是 Photoshop 软件界面中非常重要的组成部分，通过它可以进行选择颜色、编辑图层、新建通道、编辑路径和撤销编辑等操作。一般来说，在"窗口"菜单中，可以选择需要打开的面板，如图 1-1-11 所示。打开的面板都依附在工作界面右侧。单击面板右上方的三角形按钮，可以将面板缩为精美的图标，使用时可以直接单击所需面板的按钮，即可弹出相应的面板。

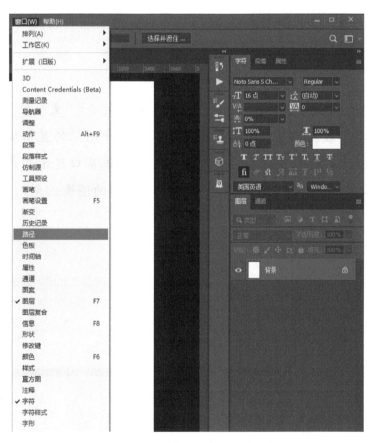

图 1-1-11　选择需要打开的面板

浮动面板组包括"导航器"面板、"动作"面板、"历史记录"面板、"路径"面板、"色板"面板、"通道"面板、"图层"面板、"信息"面板、"颜色"面板、"样式"面板等。

5）图像窗口

中间窗口是图像窗口，也是 Photoshop 软件的主要工作区，用于显示图像文件，如图 1-1-12 所示。图像窗口是对图像进行浏览和编辑操作的主要场所，具有显示图像文件、编辑或处理图像的功能，所有的操作都会显示在工作区中。在图像窗口的上方是标题栏，用于显示当前文件的名称、格式、显示比例、色彩模式、所属通道和图层状态。如果该文件未被存储过，则标题栏将"未标题加连续的数字"作为文件的名称。在打开多个图像文

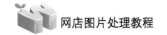

件时，图像窗口只显示一个图片文件，单击对应文件的名称，即可显示对应图片文件。

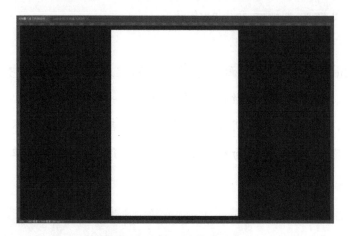

图 1-1-12　图像窗口

6）状态栏

窗口底部的状态栏会显示图像相关信息，包括"文档大小""文档配置文件""文档尺寸"等，如图 1-1-13 所示。最左端显示的是在当前图像窗口中图像的显示比例，在其中输入数值后，按"Enter"键可以改变图像的显示比例。当前图像窗口显示的是文档大小，单击右侧的三角按钮，在弹出的菜单中可以更换图像状态栏显示的图像信息。

图 1-1-13　状态栏

3. 退出 Photoshop 软件

Photoshop 软件的基本操作除了能够启动软件，还要能够快速地关闭软件。下面请仔细阅读操作要领，尝试通过不同的退出路径和方法来关闭 Photoshop 软件。

操作要领

常见的退出 Photoshop 软件的方法有 3 种。

方法一：直接单击 Photoshop 软件右上角的"关闭"按钮 ▣ 。

方法二：按快捷键"Alt+F4"。

方法三：按快捷键"Ctrl＋Q"。

任务评价

请围绕评价内容，根据实践活动过程及活动实践结果的记录，进行学生自评与教师点评，并填写表 1-1-2。

表 1-1-2　初识 Photoshop 软件评价表

评价内容		分值	评价	
			学生自评	教师点评
任务 1.1	掌握启动 Photoshop 软件的操作方法，能运用至少两种不同的方法启动 Photoshop 软件	30 分		
	了解 Photoshop 软件界面的组成部分，能准确识别软件界面不同的组成部分	40 分		
	掌握退出 Photoshop 软件的操作方法，能运用至少两种不同的方法退出 Photoshop 软件	30 分		

 任务拓展

随着电商平台的蓬勃发展，消费者对生活品质的需求也不断提高。茶作为一种健康饮品，不仅体现了中国传统文化的深厚内涵与历史底蕴，还象征着一种高品质的生活体验。电商平台为茶业发展提供了新的销售渠道和机遇。根据本任务初步学习 Photoshop 软件，请运用正确方法将下方茶叶素材在 Photoshop 软件中打开，并选用正确方法退出 Photoshop 软件。

具体要求如下。

（1）在文件（见图 1-1-14）上右击，在弹出的快捷菜单中选择文件的打开方式，在启动 Photoshop 软件后图片将显示在图像窗口中。

（2）选择以直接单击"关闭"按钮的方法退出 Photoshop 软件。

图像文件	图片详情
文件	 图 1-1-14　茶叶实拍

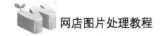

任务 1.2　新建图像文件

任务目标

- 知识目标：（1）了解"新建文档"对话框的参数。
  （2）掌握新建图像文件的操作方法。
- 能力目标：（1）能辨别"新建文档"对话框的参数及功能。
  （2）能够根据实际需求在新建图像文件时准确设置"新建文档"对话框中的参数。
- 素质目标：形成良好的职业素养，具备独立思考和动手操作的能力。

任务实践

在 Photoshop 软件中，新建图像文件是进行图片编辑和设计工作的基础步骤。在新建图像文件时，不仅可以根据实际需要自由地调整图片的尺寸和分辨率，以满足不同的需求，还可以对各种元素进行布局和设计，确保图片的整体效果和风格的一致性，甚至可以将不同的图片资源拖到新建的文件中，有助于查找和管理图片。

认识"新建文档"
对话框

下面是对"新建文档"对话框中参数的详细说明，以及新建图像文件的具体步骤。

1. 认识"新建文档"对话框

在使用 Photoshop 软件处理图片之前，首先要了解"新建文档"对话框中的参数，这样才能对新建的图片进行后续编辑。请阅读知识链接，并对照电脑端的 Photoshop 软件，将"新建文档"对话框中各个参数的功能填入表 1-2-1 中。

表 1-2-1　"新建文档"对话框的组成

对话框组成部分	具体内容	具体作用
示例：宽度和高度	像素、英寸、厘米	调整图像的像素尺寸

知识链接

使用 Photoshop 软件新建图像文件

打开 Photoshop 软件，可以看见编辑区是灰色或黑色的界面，这是和其他应用软件不同的地方。其他软件都有默认的新建区，可以直接在上面输入资料进行编辑，但是 Photoshop 软件每次都需要新建文档，执行"文件"→"新建"命令，或者按快捷键"Ctrl+N"，会弹出"新建文档"对话框，如图 1-2-1 所示。

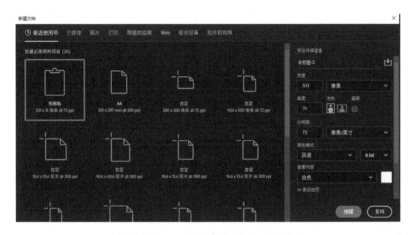

图 1-2-1　"新建文档"对话框

下面介绍"新建文档"对话框的各组成部分。

1）名称

自由命名文档，如店招、主图等。

2）预设

包含最近使用项、已保存、照片、打印、图稿和插图、Web、移动设备、胶片和视频等标准文件大小预设，如"A4""A3"国际标准纸张尺寸。

3）宽度、高度

该参数可以指定图像的像素尺寸。在自定义模式下，用户可以自由设置宽度和高度的数值。Photoshop 软件中的单位有：像素、英寸、厘米、毫米、点、派卡和列。用户在使用时可根据实际需求进行选择。

4）分辨率

分辨率是指图像显示的精细度，决定了图像中每英寸包含的像素数量。分辨率越高，画面越精细。常用分辨率数值有72 像素 / 英寸、150 像素 / 英寸、300 像素 / 英寸等。不同的分辨率数值使用场景也不一样，72 像素 / 英寸常用于电脑端、移动端显示，或者是超大喷绘打印；150 像素 / 英寸常用于激光彩色打印；300 像素 / 英寸常用于大批量印刷打印。

5）颜色模式

颜色模式是将某种颜色表现为数字形式的模型。不同的颜色模式会影响不同级别的颜

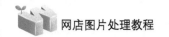

色细节和不同的文件大小。

（1）RGB 颜色模式：这是 Photoshop 软件的默认颜色模式，也是 Photoshop 软件中最常用的模式，被称为真彩色模式。在此模式下图像质量最高，常用于屏幕显示和网络图像。它使用红、绿、蓝三种颜色通道的组合来表示各种颜色。

（2）CMYK 颜色模式：这是应用于印刷方面的颜色模式，使用青色、洋红色、黄色、黑色四种颜色通道的组合来表示各种颜色。

（3）灰度模式：这是一种单色模式，使用单一色调来表现图像，而这种色调通常是介于黑色和白色之间的各种灰色。在此颜色模式下，所有的图片和图层都以黑白灰的方式呈现。

（4）Lab 颜色模式：这是一种理论上包括了人眼所能看见的所有色彩的颜色模式。它不依赖于光线和颜料，可以通过调整色调来变换图像的不同效果。

（5）索引颜色模式：这种模式使用固定的颜色调色板（调色板中的索引值）来表示图像颜色。

6）背景内容

如果将"背景内容"设置为"白色"，则新建的背景图层颜色为白色。如果将"背景内容"设置为"背景色"，则新建的背景图层颜色会和拾色器中的背景色一致。如果想要制作透明底免扣素材，则需要将"背景内容"设置为"透明"。

2. 新建图像文件的方法

在了解了"新建文档"对话框中的各个参数后，我们可以使用 Photoshop 软件新建图像文件。请尝试使用不同的新建图像文件的方法来完成商品主图文件的创建。

新建图像文件的操作步骤及关键点如下。

序号	操作步骤及关键点	操作标准
1	执行菜单栏中的"文件"→"新建"命令，如图 1-2-2 所示，即可弹出"新建文档"对话框	**Ps 文件(F) 编辑(E) 图像(I) 图层(L) 文字(Y)** 新建(N)...　　　　　　　Ctrl+N 打开(O)...　　　　　　　Ctrl+O 在 Bridge 中浏览(B)...　　Alt+Ctrl+O 打开为...　　　　Alt+Shift+Ctrl+O 打开为智能对象... 最近打开文件(T)　　　　　▶ 图 1-2-2　执行"新建"命令

续表

序号	操作步骤及关键点	操作标准
2	在弹出的"新建文档"对话框中将"宽度"设置为"800 像素","高度"设置为"800 像素","分辨率"设置为"72 像素 / 英寸","颜色模式"设置为"RGB 颜色","背景内容"设置为"白色",其余参数均保持默认设置,如图 1-2-3 所示。单击对话框底部的"创建"按钮,Photoshop 软件将创建并打开一个符合指定参数的新文档	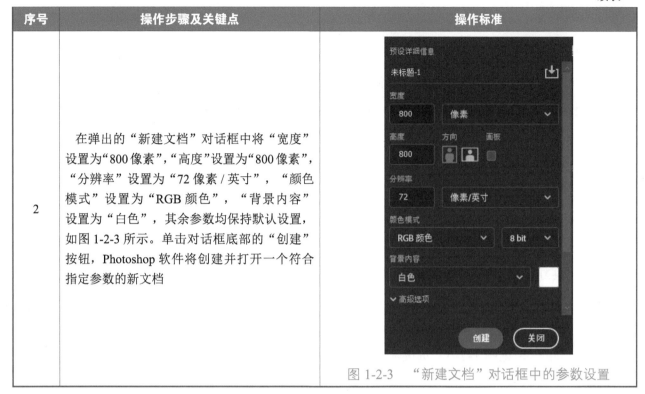 图 1-2-3　"新建文档"对话框中的参数设置

 操作要领

常见的新建图像文件的方法有两种。

方法一:按快捷键"Ctrl + N"。

方法二:执行菜单栏中的"文件"→"新建"命令。

从新建到保存

 任务评价

请围绕评价内容,根据实践活动过程及活动实践结果的记录,进行学生自评与教师点评,并填写表 1-2-2。

表 1-2-2　新建图像文件评价表

	评价内容	分值	评价	
			学生自评	教师点评
任务 1.2	了解"新建文档"对话框中的参数,能准确识别对话框中的相关参数及功能,为后续新建图像文件做准备	40 分		
	掌握新建图像文件的方法。能够使用两种不同的方法,根据需求准确设置"新建文档"对话框中的参数	60 分		

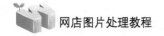

 任务拓展

《"十四五"电子商务发展规划》中指出"电子商务新业态新模式蓬勃发展，企业核心竞争力大幅增强，网络零售持续引领消费增长，高品质的数字化生活方式基本形成"。在电子商务快速发展的历程中，Photoshop 软件为电子商务行业中网店的图像编辑、设计和创作提供了无限的可能性。某茶企想要制作一系列的网店海报、店招及线下宣传物料等，请使用 Photoshop 软件新建 3 个图像文件，根据要求设置相应的宽度、高度、分辨率、颜色模式及背景内容等。

具体要求如下。

（1）文件一（见图 1-2-4）A3 大小（宽度为 297 毫米，高度为 420 毫米），分辨率为 300 像素/英寸，颜色模式为 CMYK 颜色，背景内容为白色，其他参数均保持默认设置。

（2）文件二（见图 1-2-5）宽度为 1920 像素，高度为 150 像素，分辨率为 72 像素/英寸，颜色模式为 RGB 颜色，背景内容为白色，其他参数均保持默认设置。

（3）文件三（见图 1-2-6）宽度和高度均为 80 像素，分辨率为 72 像素/英寸，颜色模式为 RGB 颜色，背景内容为透明，其他参数均保持默认设置。

图像文件	图片详情
文件一	图 1-2-4　海报背景素材
文件二	图 1-2-5　店招背景素材
文件三	图 1-2-6　网店标志素材

任务 1.3　导入图像文件

 任务目标

- 知识目标：掌握导入图像文件的方法。
- 能力目标：（1）能够使用不同的方法导入图像文件。
- （2）能够使用指定的方法导入图像文件并保存至指定位置。
- 素质目标：理解软件基础命令，培养对图像设置的敏感度。

 任务实践

随着数字化时代的到来，图像、视频等视觉内容在人们的日常生活中占据了越来越重要的地位。对初学者来说，掌握导入图像文件的基础知识与技能是使用 Photoshop 软件进行图像编辑的首要步骤。熟练掌握导入图像文件的方法能为后期的图片叠加或复杂编辑节省大量的时间和精力。下面认识"导入"命令，学习如何逐步导入图像文件并进行保存。

1. 认识"导入"命令

在 Photoshop 软件中，"导入"命令是一项非常基础的功能，允许用户将一个图像文件嵌入另一个图像文件中，而不是简单地进行复制、粘贴或插入。这个功能在合成图像、创建复合图层及处理多个元素时非常实用。通过"导入"命令，用户可以在不破坏原始图像文件的情况下，进行图像文件的嵌入，方便用户对图像文件进行编辑和调整，以达到更好的效果。

2. 导入图像文件的方法

 知识链接

图片嵌入——导入链接

在嵌入图片时，需要根据具体需求选择嵌入方式或链接方式，并保存文档以保留导入的图像。如果选择了"导入链接"选项，则会同时显示一个链接图标，如图 1-3-1 所示。这表示图像链接到了原始文件，如果原始文件发生更改，则可以通过在图像上右击，在弹出的快捷菜单中执行"更新链接"

图 1-3-1 链接图标

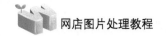

命令来更新它。当完成位置和大小的调整后，用户可以通过执行"编辑"菜单中的命令（如"颜色设置"命令等）来进一步处理导入的图像。

在了解"导入"命令的作用后，读者可以使用 Photoshop 软件进行图像文件的导入操作。请尝试使用两种不同的方法来完成商品主图文件的导入操作。

导入图像文件的操作步骤及关键点如下。

序号	操作步骤及关键点	操作标准
1	在菜单栏中，执行"文件"→"打开"命令，如图 1-3-2 所示	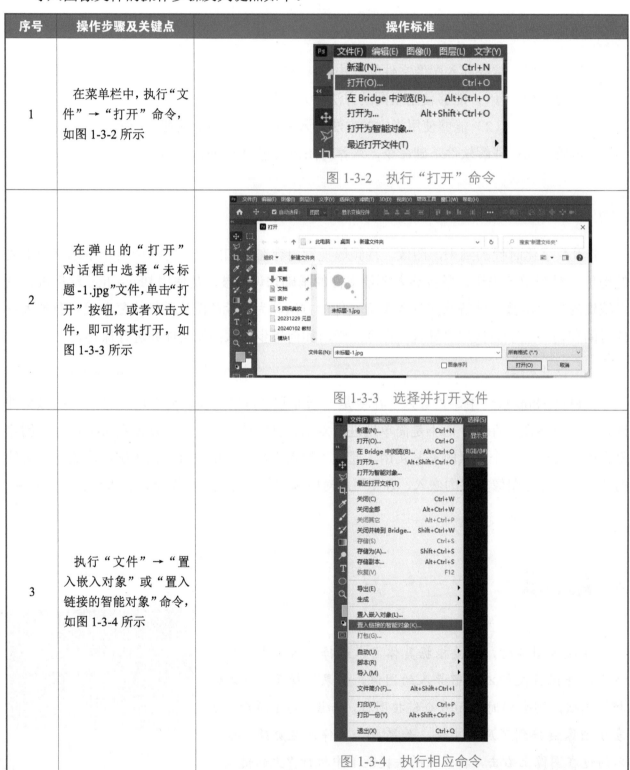图 1-3-2　执行"打开"命令
2	在弹出的"打开"对话框中选择"未标题-1.jpg"文件，单击"打开"按钮，或者双击文件，即可将其打开，如图 1-3-3 所示	图 1-3-3　选择并打开文件
3	执行"文件"→"置入嵌入对象"或"置入链接的智能对象"命令，如图 1-3-4 所示	图 1-3-4　执行相应命令

续表

序号	操作步骤及关键点	操作标准
4	选择想要导入的图像文件，单击"置入"按钮，图1-3-5所示	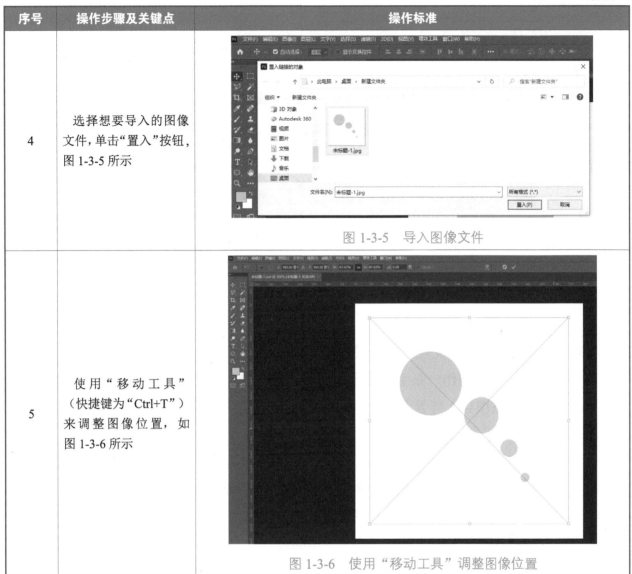 图1-3-5　导入图像文件
5	使用"移动工具"（快捷键为"Ctrl+T"）来调整图像位置，如图1-3-6所示	图1-3-6　使用"移动工具"调整图像位置

操作要领

导入图像文件可以使用以下两种方法。

方法一：在菜单栏中，执行"文件"→"打开"命令（快捷键为"Ctrl+O"），在弹出的"打开"对话框中，选择一个文件，单击"打开"按钮，或者双击文件，即可将其打开。执行"文件"→"置入嵌入对象"或"置入链接的智能对象"命令，选择想要导入的图像文件，单击"置入"按钮，并使用"移动工具"来调整图像位置。

方法二：执行"文件"→"脚本"→"将文件载入堆栈"命令。

导入图像文件的方法

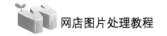

任务评价

请围绕评价内容，根据实践活动过程及活动实践结果的记录，进行学生自评与教师点评，并填写表 1-3-1。

表 1-3-1　导入图像文件评价表

评价内容		分值	评价	
			学生自评	教师点评
任务 1.3	了解导入图像文件的作用和方法，能够准确判断何时需要导入图像文件	40 分		
	能够使用置入链接的方式导入图像文件，并使用"移动工具"调整图像的位置	60 分		

任务拓展

茶道体现了传统礼仪与文化，其精髓在于选用上等的茶叶，通过精细的泡茶技巧来展现茶的醇香。某茶企需要制作一张手机端电子海报，请你使用 Photoshop 软件导入背景图，并根据要求将茶叶素材图导入背景图中。

具体要求如下。

（1）新建画布为 340 像素 ×520 像素，将文件一（见图 1-3-7）导入。

（2）使用导入图像文件的方法将文件二（见图 1-3-8）导入文件一的背景图中。

（3）使用"移动工具"将文件二调整到背景图中间的位置。

（4）使用"缩放工具"将文件二缩放至合适的尺寸。

图像文件	图片详情
文件一	图 1-3-7　背景图

续表

图像文件	图片详情
文件二	 图 1-3-8 素材图

任务 1.4 保存图像文件

 任务目标

- 知识目标：（1）了解常见的文件格式。
   （2）掌握保存图像文件的方法。
- 能力目标：（1）能够根据不同的需求选择合适的文件格式。
   （2）能够使用不同的方法保存图像文件。
- 素质目标：具备积极探索的精神，主动尝试不同方法和技巧。

 任务实践

在 Photoshop 软件中，文件保存是指将编辑中的图像以某种格式（如 JPEG、PNG、PSD、TIFF 等）存储到磁盘上，以便对图像进行保留和后续编辑、分享或发布。在使用 Photoshop 软件对图像文件进行处理时，及时保存图像文件是至关重要的。在编辑过程中，如果不保存文件，则无法保存任何修改，文件还是以原始状态呈现。及时保存文件不仅可以保留文件处理的最终效果，还可以防止因系统原因或其他不可预测的因素而导致已操作图层丢失，避免重复操作。在保存文件后，用户可以随时再次编辑该文件，继续编辑或优化图片，如果没有保存，则在要再次编辑该文件时，需要重新开始编辑原始文件。

下面对文件格式和保存图像文件的方法进行详细介绍。

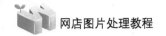

1. 认识文件格式

在使用 Photoshop 软件进行图像处理和编辑时，了解不同的文件格式是至关重要的。文件格式决定了图像如何被存储、显示和传输。Photoshop 软件支持多种文件格式，每种格式都有其特定的特性和用途。请阅读下面的知识链接，了解常见的文件格式。

知识链接

常见的文件格式

1）PSD 格式（Photoshop Document）

PSD 是 Photoshop 软件的原生文件格式，可以保存图层、通道、路径等完整的编辑信息。要保存 PSD 格式的文件，可以执行"文件"→"存储"或"存储为"命令，或者按快捷键"Ctrl+S"，在弹出的"存储为"对话框中选择 PSD 格式，指定保存位置和文件名，并单击"保存"按钮。

2）JPEG 格式（Joint Photographic Experts Group）

JPEG 是一种广泛使用的图像格式，适用于在 Web 上共享和显示图像。它是一种有损压缩格式，可以选择不同的图像质量。要保存 JPEG 格式的文件，可以执行"文件"→"导出"→"存储为 Web 所用格式（旧版）"命令。在弹出的"存储为"对话框中选择 JPEG 格式，指定保存位置和文件名，并单击"保存"按钮，在弹出的"JPEG 选项"对话框中设置图像的品质。

文件格式与保存
方法

3）PNG 格式（Portable Network Graphics）

PNG 是一种支持透明背景的无损压缩图像格式，适合用于图标、透明背景和特殊效果。要保存为 PNG 格式，可以执行"文件"→"存储"或"存储为"命令，在弹出的"存储为"对话框中选择 PNG 格式，指定保存位置和文件名，并单击"保存"按钮。

4）GIF 格式（Graphics Interchange Format）

GIF 是一种支持动画的图像格式，常用于简单动画和循环播放的图像。要保存为 GIF 格式，可以执行"文件"→"导出"→"存储"或"存储为"命令，在弹出的"存储为"对话框中选择 GIF 格式，指定保存位置和文件名，并单击"保存"按钮。

5）PDF 格式（Portable Document Format）

PDF 是一种可按需要放大和打印的可移植文件格式，适合用于图像的打印和共享。要保存为 PDF 格式，可以执行"文件"→"存储"或"存储为"命令，在弹出的"存储为"对话框中选择 PDF 格式，指定保存位置和文件名，并单击"保存"按钮。

6）PSB 格式（Photoshop Big）

PSB 是一个大型文档格式，在储存图片超过 2GB，或者色深达到 16 位，甚至 32 位的分层源文件中需要用到这个格式。简单地说，PSB 格式是 PSD 格式的 2.0 版本，除了完整继承 PSD 格式的全部功能，还降低了图片体积及色深方面的限制。这种格式通常会出现在印刷行业，通用性与 PSD 格式无异。

7）BMP 格式（Bitmap）

BMP 是一种非压缩图片格式，可以高保真地还原图片的原始效果，支持16位、24位、32位色深，支持 RGB、位图、灰度、索引，在跨平台上的兼容性也很好。需要注意的是，BMP 格式不会保留图片制作过程中各种图层与蒙版，如果将图片保存成 BMP 格式，则意味着该图片再也不能被分层编辑了。此外，BMP 格式占用的空间非常大，一般是 JPG 格式的 10 倍左右。

8）TIFF 格式（Tag Image File Format）

TIFF 格式支持分层，也支持无损压缩或有损压缩，还支持透明域，几乎能够匹配任何的使用场景。在印刷行业中也能经常看到它的身影。

除了上述格式，Photoshop 软件还支持许多其他文件格式，如 EPS 格式等。选择适当的文件格式取决于不同的需求，如图像用途、目标平台和文件大小要求等。

2. 保存图像文件的方法

在了解了常见的文件格式后，我们可以使用 Photoshop 软件进行图像文件的保存操作。请尝试使用两种不同的方法将商品主图文件保存至桌面。

保存图像文件的操作步骤及关键点如下。

序号	操作步骤及关键点	操作标准
1	单击左上角的"文件"菜单，如图 1-4-1 所示	 图 1-4-1 单击"文件"菜单
2	在弹出的下拉菜单中执行"存储"或"存储为"命令，如图 1-4-2 所示	 图 1-4-2 执行"存储"或"存储为"命令

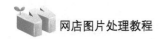

序号	操作步骤及关键点	操作标准
3	在弹出的"存储为"对话框中,修改文件名并选择保存类型,如图 1-4-3 所示	文件名(N): 图1.png 保存类型(T): PNG (*.PNG;*.PNG) 存储选项 图 1-4-3　修改文件名并选择保存类型
4	设置完保存路径后,单击"保存"按钮,保存图像文件,如图 1-4-4 所示	存储 ☑作为副本(Y)　　颜色:☐使用校样设置(O): 工作中的 CMYK 　　☐注释(N)　　　　　☐ICC 配置文件(C): sRGB IEC61966-2.1 　　☐Alpha 通道(E) 　　☐专色(P)　　　其它:☑缩览图(T) 　　☐图层(L) 　　　警告　　　保存(S)　　　取消 图 1-4-4　保存图像文件①

操作要领

保存图像文件的方法有以下五种。

方法一：在菜单栏中执行"文件"→"存储"命令，或者按快捷键"Ctrl + S"来保存文件。

方法二：在菜单栏中执行"文件"→"存储为"命令，在弹出的"存储为"对话框中选择所需的文件格式，指定保存位置和文件名，并单击"保存"按钮。

方法三：在菜单栏中执行"文件"→"导出"→"导出为"命令，在弹出的"导出为"对话框中选择目标文件的格式和导出选项，并单击"导出"按钮。

方法四：想要快速导出为 JPEG 格式，应先执行"文件"→"导出"→"导出首选项"命令，在"首选项"对话框中将"快速导出格式"设置为"JPEG"；再执行"文件"→"导出"→"快速导出为 JPEG"命令。

方法五：想要快速导出图层，应先执行"文件"→"导出"→"图层"命令，再设置"导出"选项，包括文件格式和命名。

任务评价

请围绕评价内容，根据实践活动过程及活动实践结果的记录，进行学生自评与教师点评，并填写表 1-4-1。

---

① 图中的"其它"正确写法为"其他"，后文同。

表 1-4-1　保存图像文件评价表

评价内容		分值	评价	
			学生自评	教师点评
任务 1.4	了解不同文件格式的优缺点，能够根据不同的使用场景选择合适的文件格式进行保存	40 分		
	掌握保存图像文件的方法，使用两种及以上的方法保存图片至桌面	60 分		

 任务拓展

　　读者需要勤加练习，以便熟练使用 Photoshop 软件保存图像文件，掌握每种保存图像文件的方法。为了方便多版本图片的保存与调整，请根据 Photoshop 软件中保存图像文件的方法保存下面的图片。

　　具体要求如下。

　　（1）请将文件（见图 1-4-5）在 Photoshop 软件中打开。

　　（2）至少使用两种保存图像文件的方法将其保存至桌面，分别命名为"九曲红梅 -1"与"九曲红梅 -2"，保存类型均选择 JPEG 格式。

图像文件	图片详情
文件	 图 1-4-5　九曲红梅

模块二

制作网店标志——形状工具的应用

典型任务描述

　　网店标志以下简称店标，是店铺的重要标志之一，代表了店铺的风格、形象、文化和商品特点，向消费者传递店铺的经营理念、经营内容和品牌文化等信息。店标通常分为纯文字型、纯图案型和图文结合型 3 种，其中纯图案型店标的使用较为普遍。在制作店标的过程中，我们可以借助形状绘制工具，创造出丰富多样的图形图案，以便体现店铺的特色，从而给消费者留下深刻印象，逐步形成品牌效应。

模块知识地图

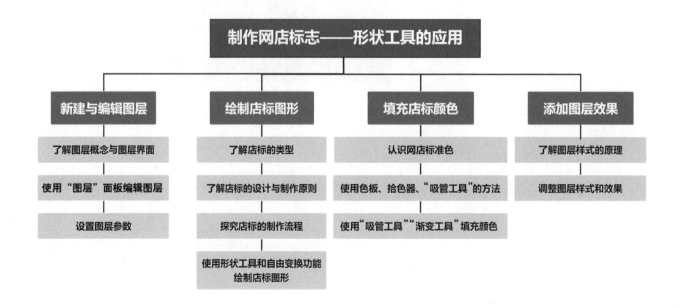

任务 2.1　新建与编辑图层

任务目标

- 知识目标：（1）了解图层的概念。
　　　　　　（2）掌握图层的操作方法与"图层"面板的编辑方法（如复制、链接等）。
　　　　　　（3）掌握图层其他参数（如不透明度、填充等）的设置方法。
- 能力目标：（1）能够利用操作面板来实现复制、链接图层。
　　　　　　（2）能够改变图层的不透明度、填充等参数的设置。
- 素质目标：激发图形设计的潜力，奠定坚实的创作基础。

任务实践

Photoshop 软件中的图层是图像创作和编辑的核心元素，掌握新建和编辑图层的技巧是提升 Photoshop 软件技能的关键环节。下面将深入讲解图层的基本概念和技巧，让读者能够通过熟练的图层编辑，制作出更加精美的图像。下面将图层的相关内容进行详细阐述。

1. 了解图层概念与图层界面

图层是 Photoshop 软件中最基础且重要的功能，方便用户在图像编辑过程中对不同元素进行独立操作和管理。图层犹如透明的叠片，每一片都承载着图像中不同的元素和效果。通过将图像分割为多个图层，以便独立地编辑、组织和控制每个元素，进而营造出精确又丰富的视觉效果。

图层的概念

每个图层都可以包含图像、文本、形状、效果及调整图层等诸多元素。若将图层比作透明的幻灯片，则在将其层层叠加时如拼图般汇集成完整的图像。这意味着，我们可以在不影响其他图层的情况下对单个图层进行调整和修改，从而便捷地调整图像的各个部分。每个图层都有其特定的属性和选项，通过这些属性不仅可以更改图层的不透明度、混合模式、蒙版，以及其他效果，还可以对图层进行组合、合并或分组等操作。

作为初学者，首先要对"图层"面板有清楚的认知，才能高效地编辑图层。请读者一边阅读知识链接，一边观察"图层"面板，将"图层"面板的组成和每个部分的功能填入表2-1-1中。

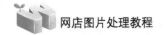

表 2-1-1　Photoshop 软件图层界面表

面板组成部分	所处位置	具体功能
示例：图层过滤开关	面板顶部	快速找到相应类型的图层

知识链接

Photoshop 软件图层界面认知

Photoshop 软件的"图层"面板是用来管理图层的功能区的，可以创建、编辑、组织和控制图层，由图层过滤、图层锁定、图层的混合模式、图层列表等组成，如图 2-1-1 所示。

图层的操作与图层
面板的编辑

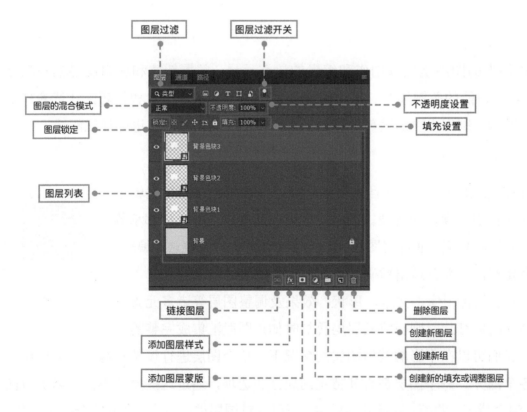

图 2-1-1　"图层"面板的组成

1）图层过滤

通过单击"选取滤镜类型"下拉列表右侧的按钮可以快速找到相应类型的图层，实现图层过滤。例如，单击"文字图层滤镜"按钮，图层列表就只显示文字图层。如果关闭图层过滤开关，则会显示所有图层。

2）图层锁定

为了防止误操作，我们可以将图层进行锁定。在"图层"面板中，从左到右依次为"锁定透明像素"按钮、"锁定图像像素"按钮、"锁定位置"按钮和"锁定全部"按钮。

（1）锁定透明像素：不能对透明区域进行操作。

（2）锁定图像像素：不能编辑图像，但可以移动变换。

（3）锁定位置：不能移动变换。

（4）锁定全部：不能进行任何编辑工作。

3）链接图层

通过"链接图层"按钮可以将多个图层相互关联，以确保所有关联图层在移动或变换时保持相对位置不变。因此，当对图层进行链接后，移动其中一个图层会同时影响到所有链接的图层。

4）图层的混合模式

通过设置图层的混合模式可以调整图层间的相互叠加方式，从而改变图像的外观和效果。图层的混合模式影响着图层之间颜色、亮度和透明度的交互，使图层在叠加时产生不同的视觉效果。常用的混合模式包括如下几种。

（1）正常：默认模式，不会对图层产生任何叠加效果，保持图层原有的显示方式。

（2）叠加：通过保留颜色和亮度信息，使图层产生变暗或变亮的效果，常用于调整对比度和增强颜色。

（3）柔光：以柔和的方式叠加颜色，常用于增加图像的柔和度和光线感。

（4）颜色加深：使上层图像颜色与下层图像深色部分相互叠加，常用于增强颜色饱和度和对比度。

（5）颜色减淡：使上层图像颜色与下层图像亮色部分相互叠加，常用于增强光线和突出色彩。

这些混合模式能单独应用于每一个图层，且能与调整图层属性的其他功能（如"不透明度"、"样式"和"滤镜"等）结合使用。

5）不透明度设置

通过设置"不透明度"参数可以调整图层或图像的透明度水平，从而控制其在画布上的可见程度。

6）填充设置

通过设置"填充"参数可以控制图层中色块的分布密度，并且填充度越大，色块密度越大，图像越逼真。

7）图层列表

图层列表可以显示当前图像中所有的图层。

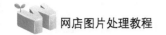
网店图片处理教程

8）添加图层样式

添加图层样式是增强图像效果的关键步骤之一。单击"添加图层样式"按钮，可以选择阴影、发光、斜面与浮雕等多种样式，为图像增加深度和立体感。

9）添加图层蒙版

单击"添加图层蒙版"按钮可以创建图层蒙版，通过遮盖或保护图像的某些部分，以实现特定的效果或编辑需求。

10）创建新的填充或调整图层

单击"创建新的填充或调整图层"按钮可以控制图像的色调和色彩，同时保留对原始图层的修改弹性。调整图层包含色阶、曲线等调整信息，并且可以反复修改，不会直接改变原始图层。

11）创建新组

单击"创建新组"按钮可以新建组，通过将多个相关图层组织在一起，形成一个图层组，以便更轻松地管理和编辑这些图层。

12）创建新图层

单击"创建新图层"按钮可以新建图层，从而更方便地编辑和管理图像的不同部分。

13）删除图层

单击"删除图层"按钮可以去除图像中的特定部分，以达到所需的编辑效果。

2. 使用"图层"面板编辑图层

在理解图层概念的基础上，熟练掌握图层编辑技巧是图像处理和设计的关键能力。图层编辑涵盖了许多方法，如图层的选择、复制、链接、合并等。在了解图层概念与图层界面后，需要使用 Photoshop 软件编辑图层。请尝试完成图层的选择、分组、复制、链接与合并。

1）选择图层

选择图层是指确定将要编辑的图层。一幅图像通常包含多个图层，每个图层可能包含不同的元素或效果。在编辑图像前，首先选择需要编辑的图层，以便后续操作。在了解图层的选择原理后，请根据下述操作，尝试选择图像的图层。

选择图层的操作步骤及关键点如下。

序号	操作步骤及关键点	操作标准
1	在 Photoshop 软件界面左侧的工具栏中，单击"移动工具"按钮，如图 2-1-2 所示	图 2-1-2 单击"移动工具"按钮

续表

序号	操作步骤及关键点	操作标准
2	在工具属性栏中，勾选"自动选择"复选框，如图 2-1-3 所示	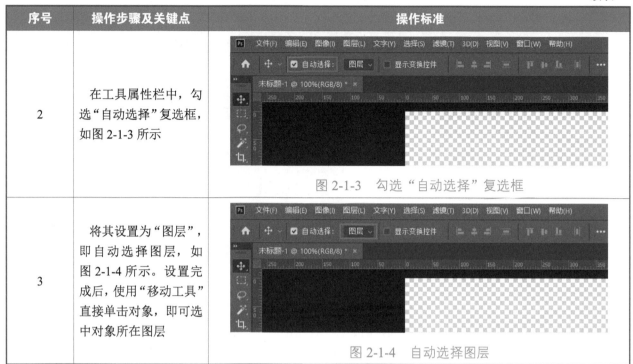 图 2-1-3　勾选"自动选择"复选框
3	将其设置为"图层"，即自动选择图层，如图 2-1-4 所示。设置完成后，使用"移动工具"直接单击对象，即可选中对象所在图层	图 2-1-4　自动选择图层

操作要领

选择图层的方法有以下六种。

方法一：直接在右侧的"图层"面板中单击需要选中的图层。

方法二：在工具栏中单击"移动工具"按钮，在工具属性栏中勾选"自动选择"复选框，并将其设置为"图层"，单击图像上的对象，即可选中对象所在图层。

方法三：按住"Alt"键不放，在图像上单击对象，即可选中对象所在图层。

方法四：在图像范围内右击，在弹出的快捷菜单中，选择图层名称的选项，即可选中对应图层。这种方法还可以选择被上层对象图层遮挡住的下层对象图层。

方法五：按住"Ctrl"键不放，在右侧的"图层"面板中多次单击不同的图层，即可选中多个对应图层。

方法六：按住"Shift"键不放，在右侧的"图层"面板中单击第一个和最后一个图层，即可选中包含这两个图层之间的所有图层。

2）图层分组

图层分组提供了更高级别的组织结构，使用户能够在"图层"面板中创建包含多个图层的组，从而在面板中更轻松地组织和管理图层。在了解图层分组的原理后，请根据下述操作，尝试进行图层的分组。

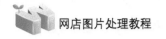 网店图片处理教程

图层分组的操作步骤及关键点如下。

序号	操作步骤及关键点	操作标准
1	按住"Shift"键，在"图层"面板中单击需要分组的第一个图层和最后一个图层，即可选中包含这两个图层之间的所有需要分组的图层，如图 2-1-5 所示	图 2-1-5　选中图层
2	在菜单栏中执行"图层"→"新建"→"组"命令，如图 2-1-6 所示	图 2-1-6　新建组
3	在弹出的"新建组"对话框中填写组的名称，单击"确定"按钮，如图 2-1-7 所示	图 2-1-7　填写组的名称
4	完成图层分组操作，如图 2-1-8 所示	图 2-1-8　图层分组

 操作要领

图层分组的方法有以下两种。

方法一：通过按住"Shift"键选中需要分组的图层，执行"图层"→"新建"→"组"命令，在弹出的"新建组"对话框中单击"确定"按钮。

方法二：按快捷键"Ctrl+G"快速给选中的图层分组。

在实际操作过程中，不仅需要将图层进行分组，还需要取消图层的分组。取消图层分组的方法有两种。

方法一：选中相应的组并右击，在弹出的快捷菜单中执行"取消图层编组"命令。

方法二：按快捷键"Ctrl+Shift+G"取消图层分组。

3）复制图层

通过复制图层可以在保留原始图层不变的情况下，创建一个新的相同内容和样式的图层，以便对其进行独立的编辑和修改。在了解复制图层的原理后，请根据下述操作，尝试复制图像的图层。

复制图层的操作步骤及关键点如下。

序号	操作步骤及关键点	操作标准
1	单击工具栏中的"移动工具"按钮，选择当前要复制的图层，如图2-1-9所示	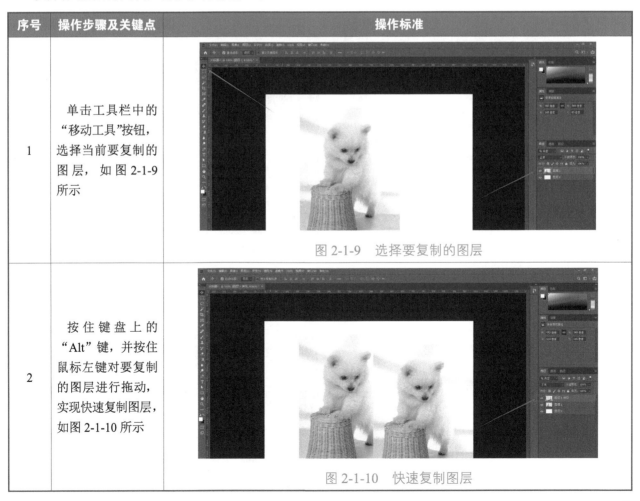 图 2-1-9　选择要复制的图层
2	按住键盘上的"Alt"键，并按住鼠标左键对要复制的图层进行拖动，实现快速复制图层，如图2-1-10所示	图 2-1-10　快速复制图层

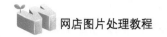

操作要领

复制图层的方法有以下三种。

方法一：单击工具栏中的"移动工具"按钮，选择当前要复制的图层，按住键盘上的"Alt"键，并按住鼠标左键对要复制的图层进行拖动，实现快速复制图层。

方法二：在图层上右击，在弹出的快捷菜单中执行"复制图层"命令，弹出"复制图层"对话框，在编辑名称后单击"确定"按钮。在图像上使用"移动工具"进行拖动，即可看到复制的图层。

方法三：单击工具栏中的"移动工具"按钮，选择要复制的图层。在顶部的菜单栏中执行"图层"→"复制图层"命令，在弹出的"复制图层"对话框中单击"确定"按钮。

4）链接图层

在编辑图片时，如果想要同时移动相关的图层，则需要将相关的图层进行链接操作，这样可以在移动或变换时保持它们的相对位置不变。在了解链接图层的原理后，请根据下述操作，尝试链接图像的图层。

链接图层的操作步骤及关键点如下。

序号	操作步骤及关键点	操作标准
1	选择需要链接的图层，即按住"Ctrl"键，依次单击图层 1、图层 2 和图层 3，如图 2-1-11 所示	图 2-1-11　选择需要链接的图层
2	在图层 1、图层 2、图层 3 的任意图层上右击，在弹出的快捷菜单中执行"链接图层"命令，如图 2-1-12 所示	图 2-1-12　执行"链接图层"命令

续表

序号	操作步骤及关键点	操作标准
3	这样就将图层 1、图层 2 和图层 3 链接在一起了，如图 2-1-13 所示。如果想要取消链接，则在链接图层上右击，在弹出的快捷菜单中执行"取消图层链接"命令	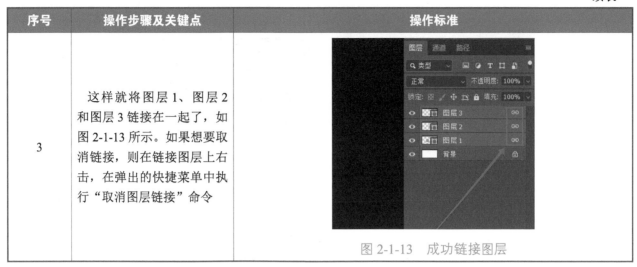 图 2-1-13　成功链接图层

操作要领

链接图层的方法有以下两种。

方法一：选中需要链接的图层，在选中的任意图层上右击，在弹出的快捷菜单中执行"链接图层"命令。

方法二：按快捷键"Alt+L+K"快速链接图层。

5）合并图层

在图像编辑过程中，往往会创建多个图层用于添加效果、图形或文本等元素。通过合并图层可以将相关的图层融合成一个，减少图层数量，使"图层"面板更清晰、更易于管理。在了解合并图层的原理后，请根据下述操作，尝试合并图像的图层。

合并图层的操作步骤及关键点如下。

序号	操作步骤及关键点	操作标准
1	单击"图层"面板右上方的菜单按钮，如图 2-1-14 所示	图 2-1-14　单击"图层"面板右上方的菜单按钮

续表

序号	操作步骤及关键点	操作标准
2	在弹出的下拉菜单中，执行"拼合图像"命令，如图 2-1-15 所示	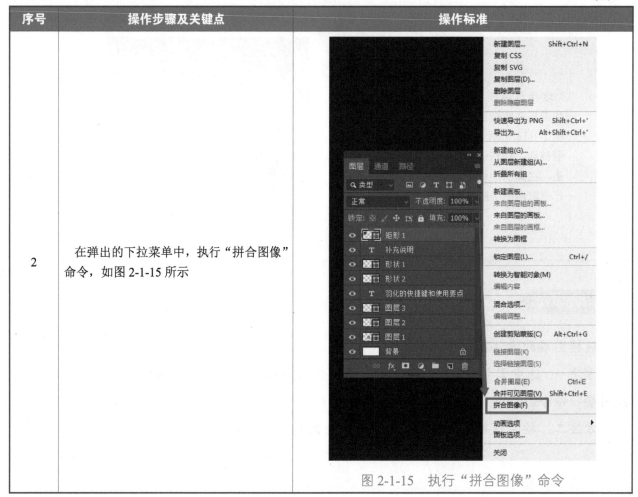 图 2-1-15　执行"拼合图像"命令

操作要领

合并图层的方法有以下三种。

方法一：通过按住"Shift"键，选中需要合并的图层，按快捷键"Ctrl+E"，合并选中的图层。

方法二：选中需要合并的图层，单击"图层"面板右上方的菜单按钮，在弹出的下拉菜单中执行"拼合图像"命令。

方法三：在菜单栏中执行"图层"→"合并可见图层"命令。

3. 设置图层参数

除上述对于图层编辑的基本操作之外，图层样式、不透明度和混合模式等其他参数设置也是图层编辑中不可或缺的部分。请阅读下面的知识链接，学习图层参数的设置方法。

 知识链接

图层参数的设置

1）图层样式

图层样式包括阴影、发光、描边、渐变等效果，可应用于图层以创建特殊的外观。如果要设置图层样式，则在"图层"面板中单击"添加图层样式"按钮，选择相应的样式选项，并在弹出的"图层样式"对话框中进行设置。

2）不透明度

通过调整"不透明度"参数，可以控制图层的透明程度。较高的不透明度表示图层内容更加不透明，而较低的不透明度则能使下方的图层穿透显示。在"图层"面板中，通过直接输入数值或拖动滑块来调整图层的不透明度，展示不同不透明度的效果，如图 2-1-16 所示。

图 2-1-16　不同透明度的效果

3）填充和描边

"填充"和"描边"参数用于确定图层的内部填充颜色或图案，以及外层边缘的描边样式。在"图层"面板的底部单击"添加图层样式"按钮，选择"描边"选项，在弹出的"图层样式"对话框中调整相关的参数，如颜色、不透明度、位置、大小等。图 2-1-17 所示为不同的填充和描边样式。

图 2-1-17　不同的填充和描边样式

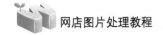

4）混合模式

混合模式定义了图层与下方图层之间的视觉效果。通过更改图层的混合模式，可以创建不同的颜色、对比度、光影等效果。在"图层"面板的图层列表的上方，有一个下拉列表，可以在其中选择不同的混合模式。常用的混合模式是正片叠底和滤色，在需要将多个图层叠加时，可以通过混合模式叠加出另一种效果。需要注意的是，有些混合模式（如颜色加深、颜色减淡、亮光、线性加深、线性减淡、线性光、减去和划分等）可能会导致色阶溢出，因此在使用这些模式时要特别小心。

 任务评价

请围绕评价内容，根据实践活动过程及活动实践结果的记录，进行学生自评与教师点评，并填写表 2-1-2。

表 2-1-2　新建与编辑图层评价表

评价内容		分值	评价	
			学生自评	教师点评
任务 2.1	了解图层的概念，掌握图层基本的编辑方法，包括复制、合并和链接，为后续对图层的编辑操作做准备	40 分		
	能够使用快捷键对图层进行链接和合并操作	60 分		

 任务拓展

随着电子商务的快速发展，越来越多的传统行业开始尝试利用互联网进行营销。请使用 Photoshop 软件的图层合并与链接功能，将五种名茶的图片，根据自己的喜好或对茶叶的理解进行横向排序。

具体要求如下。

（1）新建一个宽度为 1600 像素，高度为 400 像素，分辨率为 72 像素 / 英寸，颜色模式为 RGB 颜色的文档，背景内容为白色。

（2）将提供的太平猴魁（见图 2-1-18）、西湖龙井（见图 2-1-19）、大红袍（见图 2-1-20）、凤凰单枞（见图 2-1-21）、金骏眉（见图 2-1-22）图片导入 Photoshop 软件中，制作一个包含这五种名茶的图像文件，每种茶叶占一列。

（3）使用 Photoshop 软件的图层功能，为每种茶叶创建一个单独的图层，并以茶叶的名称进行图层命名，便于后期编辑和调整。

（4）使用 Photoshop 软件的链接功能，将所有茶叶图层链接在一起。

图像文件	图片详情
文件一	 图 2-1-18　太平猴魁
文件二	 图 2-1-19　西湖龙井
文件三	 图 2-1-20　大红袍
文件四	 图 2-1-21　凤凰单枞

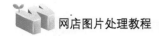

续表

图像文件	图片详情
文件五	  图 2-1-22　金骏眉

任务 2.2　绘制店标图形

任务目标

- 知识目标：（1）了解店标的类型。
  - （2）了解店标的设计与制作原则。
  - （3）掌握店标的制作流程。
  - （4）掌握形状工具、自由变换功能的操作要领与使用方法。
- 能力目标：（1）能够在店标的制作原则下选择标志的类型。
  - （2）能够根据制作流程使用形状工具等制作所选店标。
- 素质目标：明确色彩分类，深化色彩感知，培养艺术鉴赏与创作能力。

任务实践

　　店标图形是网店经营理念和商品特点的重要体现，其设计质量直接关系到网店形象的塑造和对消费者的吸引力。因此，学会绘制出色的店标图形至关重要。下面将带领读者从基础知识入手，按照店标的设计原则逐步推进，详细介绍各种绘制工具的使用方法，旨在帮助读者设计出具有特色的店标。

1．了解店标的类型

　　店标是对外展示网店形象的视觉符号，是网店视觉设计的重要一环。由于网店形象、品牌文化、呈现需求等方面的不同，网店店标的展现形式往往存在较大差异，因此根据店标的基本特征，可以将其分为 3 种主要类型。请阅读知识链接，并浏览主流电子商务平台的网店页面，分析常见的店标类型及代表性网店，并将结果填入表 2-2-1 中。

表 2-2-1　常见的店标类型表

店标类型	代表性网店

 知识链接

常见的店标类型

1）纯文字型

纯文字型店标通常使用品牌的名称或首字母缩写来展示，设计重点是字体的选择与排版。Photoshop 软件提供了各种文本效果和图层样式，能够创建独特的文字标志。

2）纯图案型

纯图案型店标主要依赖于图像或图形元素来传达品牌信息。通过图形可以突出品牌的特点和个性，吸引消费者的注意并增强品牌的识别度。此外，我们还可以通过添加背景图案、纹理和质感等元素来增强店标的视觉效果和吸引力。

3）图文结合型

图文结合型店标结合了文字和图形元素，通常是品牌的名称与一个相关图像或图标的结合。通过 Photoshop 软件的图层合成技巧，我们可以精确地将图层组合在一起。

不同类型的店标适用于不同的品牌和市场需求。在设计店标时，要考虑品牌的身份、目标受众和行业特点，以确保店标能够有效地传达品牌信息。

2. 了解店标的设计与制作原则

店标的设计与制作是一项至关重要的任务，因为店标是品牌最直观的视觉呈现，对塑造品牌形象和增强品牌识别度起着举足轻重的作用。一个出色的店标能够更好地传递品牌的核心价值，帮助品牌在竞争激烈的市场中脱颖而出。请阅读知识链接，了解店标的设计与制作原则。

 **知识链接**

店标的设计与制作原则

店标的设计
与制作原则

1）简洁性

简单明了的店标通常更容易被人们识别和记住。为了达到这一效果，

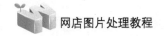

设计店标时应避免使用过于繁杂的元素，保持店标的简洁性。

2）品牌一致性

店标作为品牌身份的重要组成部分，应当与品牌的核心价值观和店铺风格保持高度一致。它不仅是品牌的视觉代表，还是品牌形象和理念的集中体现。因此，在设计店标时，要确保其能够与品牌形象完美契合，从而为消费者带来统一而深刻的品牌印象。

3）可伸缩性

在设计店标时，需要充分考虑其缩放性和可读性，使其能在任何尺寸下都保持清晰度。无论是在大型广告牌上还是在小型移动设备上，店标都应该清晰可识别。

4）色彩一致性

色彩对店标设计至关重要，为保持店标与品牌风格和情感的一致性，应谨慎选择店标的色彩，并确保其在彩色和黑白两种情况下均能发挥出应有的作用。

5）字体易读性

在选择字体时，需要注重易读性，同时与品牌风格相契合。避免使用过多的字体，确保视觉体验的一致性。

6）独特性

店标应具有独特性，能够使品牌在竞争激烈的市场中脱颖而出，避免与竞争对手的店标设计雷同。

7）可应用性

在设计店标时，必须充分考虑其在不同媒体和应用场景中的可应用性。无论是用于网站、社交媒体还是印刷物料，都应具备良好的适应性和辨识度。

8）专业性

我们可以考虑聘请专业设计师来设计店标。专业设计师具有更多的设计技能和经验，能够为网店的品牌创造高质量的店标。

9）版权和合规性

确保店标的设计是合规的，不侵犯任何版权，要遵守法律和行业规定。

3. 探究店标的制作流程

店标的制作并不是一蹴而就的，而是需要遵循一定的流程，通过合理的方法和工具完成的。请阅读知识链接，了解店标制作的流程。

店标的制作
流程

店标制作的流程

1）确定设计目标

确定店标的设计目标，考虑想要传达的产品信息、情感和价值观。

2）构思和绘制草图

构思并设计不同的店标版本，使用纸和铅笔，或者数字草图工具，通过仔细比较和权衡，从中选择一个最合适的版本。

3）创建 Photoshop 文档

打开 Photoshop 软件，并创建一个新的文档，选择合适的尺寸和分辨率。在通常情况下，店标是正方形或圆形的。

4）绘制或导入图形

开始绘制店标的主要图形元素，如文字、图像或图标等。使用 Photoshop 软件的绘图工具绘制图形，或者导入已经准备好的图形。

5）添加文本

如果店标包括文本，则使用 Photoshop 软件的文本工具添加品牌名称或口号，并选择适当的字体、大小和颜色。

6）调整颜色和样式

考虑店标的色彩方案和样式，使用 Photoshop 软件的颜色校正工具和图层样式来调整颜色、阴影、渐变等效果。

7）图层管理

使用 Photoshop 软件的"图层"面板来组织设计元素，确保每个元素都位于适当的图层上，以便后续编辑和调整。

8）测试可伸缩性

为了确保店标在各种尺寸下都清晰可读，需要将店标进行缩小和放大的测试。

9）保存店标

一旦店标设计完成，就需要使用 Photoshop 软件的存储功能将店标存储为高分辨率的图像文件。在通常情况下，将店标图像文件存储为 PNG 或 JPEG 格式。

10）备份和版本控制

备份店标图像，并保留不同版本的店标图像文件，在有需要时可以及时进行修改或回退。

11）获得反馈

向团队或专业设计师寻求反馈，专家的意见能够进一步优化网店的店标图像。

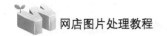
12）最终审查和批准

确保团队对店标设计满意。设计方案通过审批后，即可将此店标作为网店的标志。

4. 使用形状工具和自由变换功能绘制店标图形

在 Photoshop 软件中，常用形状工具和自由变换功能创建、编辑并变换图层中的形状与路径。请阅读知识链接，了解形状工具和自由变换功能。

形状工具和自由变换功能的认知

1）形状工具

形状工具允许创建各种基本形状（如矩形、椭圆、多边形等）和自定义形状，并将其作为矢量图层添加到图像中。下面是一些常用的形状工具及其基本操作。

（1）"矩形工具"：创建矩形或正方形形状。按住"Shift"键可创建正方形。

（2）"椭圆工具"：创建椭圆或圆形形状。按住"Shift"键可创建圆形。

（3）"多边形工具"：创建具有多个边的多边形形状。按住"Shift"键可创建等边多边形。

（4）"自定形状工具"：提供许多预设的自定义形状，如箭头、星形、云朵等。在工具属性栏中单击"形状"下拉按钮，在弹出的下拉列表中选择需要的形状。

（5）"圆角矩形工具"：创建具有圆角的矩形形状。通过调整圆角半径来控制圆角的大小。

2）自由变换功能

Photoshop 软件中的自由变换功能允许设计者对图层、选区或整个图像进行各种变换操作，如移动、缩放、旋转、倾斜和扭曲等。在自由变换工具属性栏中可以轻松地调整图像的位置、大小、角度和形状，以实现精确的图像调整和创意编辑，如图 2-2-1 所示。

图 2-2-1　自由变换工具属性栏

图标指参考点位置，可以快速精准定位参考点。"X"和"Y"是指参考点的横纵坐标（以画面左上角为原点），可以通过调节"X"和"Y"的数值来精确控制对象的移动。"X"和"Y"中间的△代表使用参考点进行相关定位（以当前参考点为原点）。"W"和"H"用于设置图片水平、垂直缩放的比例，"W"和"H"中间的图标代表保持长宽比例进行缩放。类似于角度的图标是指旋转的角度。"H"和"V"用于设置水平斜切/垂直斜切。使用自由变换功能可以对图层进行自由缩放、旋转、倾斜和扭曲等变换操作。

使用形状工具和自由变换功能，除了解其基本内容之外，还需要掌握一定的技巧。请阅读操作要领，学习形状工具和自由变换功能的操作要点。

 操作要领

1）形状工具

创建形状后可以选择形状图层，在"图层"面板中对其进行进一步的调整，如填充颜色、添加描边、调整大小等。在使用 Photoshop 软件进行操作时，有一些值得注意的要点与经验总结，以及常用的快捷键，具体内容如下。

（1）使用"钢笔工具"中的添加锚点功能可以在路径上面添加锚点。

（2）自由变换功能的快捷键为"Ctrl + T"，如果需要左右变形，那么按住"Alt"键可以左右两边同时变形。

（3）按快捷键"Alt+ Ctrl+ Shift+ T"，可以自动变形。

（4）先以某个点为圆心绘制一个正圆，再以这个点为起点随意绘制一个圆。按住"Alt"键，会以起始点为圆心；在按住"Alt"键的同时，按住"Shift"键，即可以绘制一个以起始点为圆心的正圆。

（5）在合并图层时，如果所有的图层都是形状图层，那么在合并之后都是形状图层；如果要合并的图层中只要有一个位图，那么在合并之后会变成位图。

（6）先按快捷键"Ctrl + C"→"Ctrl + V"→"Ctrl + T"，再按住"Shift"键等比例缩放，即可在形状不变形的条件下进行大小的变化。

（7）使用"路径选择工具"，按住"Alt"键在鼠标指针出现加号时，直接按住鼠标左键进行拖动，即可复制形状。

（8）按快捷键"Ctrl +K"，弹出"首选项"对话框。

（9）按快捷键"Ctrl +E"合并图层。

2）自由变换功能

使用自由变换功能可以对图层进行自由缩放、旋转、倾斜和扭曲等变换操作。下面是自由变换功能的一些基本操作。

（1）缩放：在选定图层上使用自由变换功能，通过拖动角点的控制手柄来调整图层的大小，按住"Shift"键可以保持长宽比例不变。

（2）旋转：将鼠标指针移到图层范围外，按住鼠标左键进行拖动，即可旋转图层，按住"Shift"键可以以15度的单位进行精确旋转。

（3）倾斜和扭曲：将鼠标指针移到图层范围外的边缘或角点，按住鼠标左键进行拖动，即可倾斜或扭曲图层的形状。

操作完成后，按"Enter"键，或者单击工具属性栏中的"提交变换"按钮来应用变换。需要注意的是，形状工具在工具栏上可以选择，并且它们的选项和行为取决于所使用的版本和具体设置。

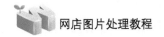

请围绕评价内容，根据实践活动过程及活动实践结果的记录，进行学生自评与教师点评，并填写表 2-2-2。

表 2-2-2　绘制店标图形评价表

	评价内容	分值	评价	
			学生自评	教师点评
任务 2.2	了解店标的类型与制作流程，根据知识点设计一个自己的店标，并标注它所传达的商品信息、网店特点等	30 分		
	使用形状工具和自由变换功能，通过旋转、缩放等操作完成店标设计	70 分		

 任务拓展

在数字化的时代背景下，电子商务已经成为商业活动的重要组成部分。在通常情况下，茶叶店的店标蕴含着深厚的文化底蕴和艺术价值。将茶叶店的店标与电子商务结合，不仅可以提升茶叶店的品牌形象，还可以为消费者提供更加便捷的购物体验。

茗香茶叶店为了塑造品牌形象，吸引更多的消费者，想要制作一个店标。请根据上述所讲店标的类型与制作流程，使用形状工具和自由变换功能制作如图 2-2-2 所示的店标，并在 Photoshop 软件中绘制茗香茶叶店的店标墨稿图形。

具体要求如下。

（1）新建一个宽度为 400 像素，高度为 400 像素，分辨率为 72 像素 / 英寸，颜色模式为 RGB 颜色的文档，背景内容为白色。

（2）店标类型为纯图案型。

（3）要想反映出茗香茶叶店的品牌理念、商品特性，需要有可以代表该行业的元素图形（如茶叶、茶壶等）。

（4）选用中国风或简约风。

（5）店标要遵循基本的美学原则，如平衡、对比、比例、统一等。

（6）根据构思的店标创意，使用形状工具和自由变换功能，以及"钢笔工具"在 Photoshop 软件中绘制茶叶店的店标。

图像文件	图片详情
文件	

图 2-2-2　示例店标

任务 2.3　填充店标颜色

 **任务目标**

- 知识目标：（1）了解店标标准色的使用规范。
  　　　　　（2）掌握色板、拾色器、"吸管工具"、"渐变工具"、前景色和背景色填充等的使用方法。
- 能力目标：（1）能够通过标准色的使用环境找到适合店标的颜色。
  　　　　　（2）能够使用"吸管工具""渐变工具"将店标填充为选定的颜色。
- 素质目标：培养对色彩情感和象征意义的认知，能够理解色彩在情感表达和品牌形象构建中的作用。

 **任务实践**

在 Photoshop 软件中，成功绘制店标图形只是品牌标志创建历程的起点。本任务将深入探索颜色设计的奥秘，从标准色的使用规范入手，讲解色板、拾色器的使用方法，以及"吸管工具"和"渐变工具"的填充技巧，通过精准的颜色搭配、选择及布局，使标志更加具有辨识度和个性化风格。下面将介绍不同颜色对人们情感和行为的影响，为设计者提供有力的参考依据，从而创作出独具匠心的店标。

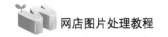

1. 认识网店标准色

店标颜色的选择至关重要，通过颜色的搭配可以营造不同的视觉效果。请阅读下面的知识链接，了解不同颜色所代表的含义，以及适用的商品与环境。

 知识链接

网店标准色的使用规范

1）白色系

白色是全部可见光均匀混合而成的，也被称为全光色，是光明的象征色。在网店设计中，白色具有高级、科技的意象，通常需要和其他颜色搭配使用。纯白色会带给人寒冷、严峻的感觉，所以在使用白色时，通常会掺一些同色系的色彩，如象牙白、米白、乳白、苹果白等。在网店设计中，当白色与暖色（如红色、黄色、橘红色等）搭配时，可以增加华丽的感觉；当白色与冷色（如蓝色、紫色等）搭配时，可以呈现清爽、轻快的感觉。正是因为上面所述的特点，白色常用于呈现明亮、洁净感觉的商品，如卫生用品、女性用品等。

网店标准色的使用规范

2）橙色系

橙色通常会给人一种充满朝气和活力的感觉，能够瞬间点亮人们的心情，让原本沉闷的情绪变得豁然开朗。这种鲜艳的色彩不仅象征着爱情和美好，还常被赋予健康、积极向上的寓意。有研究表明，橙色甚至能够刺激厌食症患者的食欲，为其带来愉悦的用餐体验。因此，橙色常用于食品类、卡通玩偶类商品。

3）红色系

红色是强有力、喜庆的色彩，具有刺激效果，给人热情、有活力的感觉。在网店设计中，红色多数用于突出重点，因为鲜明的红色极容易吸引人们的目光。高亮度的红色通过与灰色、黑色等色彩搭配使用，可以得到现代且激进的感觉。低亮度的红色给人冷静沉着的感觉，可以营造出古典的氛围。

4）绿色系

绿色本身具有一定的与健康相关的感觉，所以经常应用于与健康相关的网店。当绿色与白色搭配使用时，可以得到自然的感觉；当绿色与红色搭配使用时，可以得到鲜明且丰富的感觉。同时，一些色彩专家和医疗专家提出绿色可以适当缓解眼部疲劳，为耐看色之一。

5）蓝色系

高彩度的蓝色能够营造出一种清爽、整洁、轻快的氛围，让人感受到宁静和舒适；而低彩度的蓝色则更倾向于展现出都市化的现代派映象，透露出沉稳和冷峻。在网店设计中，蓝色与绿色、白色的搭配是很常见的。例如，选择明亮的蓝色为主色调，并以白色背景和

灰色辅助色进行衬托，可以让整个店铺呈现出干净简洁、庄重充实的视觉效果。当蓝色与青绿色和白色相互搭配时，可以使页面呈现出一种清新脱俗的美感，令人耳目一新。

6）紫色系

神秘的紫色通常应用于以女性为对象或以艺术作品为主的网店，较暗色调的紫色可以表现出成熟的感觉。通过运用不同色调的紫色，可以为网店营造出浓郁的女性化气息。

7）黑色系

在网店设计中，黑色具有高贵、稳重、科技的意象。例如，电视、摄影机、音响等科技商品大多采用黑色调。此外，黑色庄严的特质也使其在空间设计中占据一席之地，尤其在某些特殊场合。在生活用品和服饰设计中，黑色通常用于塑造高贵、优雅的形象，被誉为一种永恒流行的主色调。值得一提的是，黑色在色彩搭配上的适应性极为广泛，无论是与哪种颜色相结合，都能呈现出鲜明、华丽且令人愉悦的效果。

8）黄色系

黄色是一种充满活力和明亮感的颜色，能够带给人甜蜜、幸福的感觉。在网店设计中，黄色通常用于展现喜庆的氛围和富饶的景色。同时，它还具有强调突出的作用，因此常被选为特价标志或突出图标的背景色。

2. 使用色板、拾色器、"吸管工具"的方法

在进行店标设计时，选择与应用颜色至关重要。在 Photoshop 软件中，色板、拾色器和"吸管工具"是用于颜色选择和应用的重要工具。请阅读知识链接的内容，了解色板、拾色器、"吸管工具"等的使用方法。

📖 **知识链接**

色板、拾色器、"吸管工具"等的使用方法

1）色板

在菜单栏中执行"窗口"→"色板"命令，使用色板功能，可以将图片中的颜色进行精细调整和管理。

2）拾色器

在 Photoshop 软件中，单击工具栏中的前景色，弹出"拾色器"对话框，可以直接输入"R""G""B"的数值得到颜色，也可以直接拾取图片中的颜色，完成前景色的设置，如图 2-3-1 所示。

3）"吸管工具"

在 Photoshop 软件中打开素材后，使用"吸管工具"可以吸取颜色。

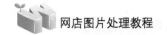

图 2-3-1　前景色的设置

4）"渐变工具"

激活"渐变工具"，在其工具属性栏中选择渐变样式和渐变类型（包括线性渐变、角度渐变、菱形渐变、径向渐变、对称渐变），将鼠标指针定位在图像中要设置为渐变起点的位置，按住鼠标左键拖至终点。

5）前景色填充

使用拾色器对前景色进行选择，完成后，执行"编辑"—"填充"命令（快捷键为"Alt+Delete"或"Alt +BackSpace"）。

3. 使用"吸管工具""渐变工具"填充颜色

1）"吸管工具"

"吸管工具"是一种用于吸取图像中颜色的工具。使用"吸管工具"吸取图像中的颜色可以帮助用户获取准确的颜色值，以便在编辑和绘画过程中应用相同的颜色。在了解"吸管工具"后，请尝试使用 Photoshop 软件中的"吸管工具"填充颜色。

使用"吸管工具"的操作步骤及关键点如下。

序号	操作步骤及关键点	操作标准
1	激活"吸管工具"，在想要取色的位置单击，即可吸取颜色，如图 2-3-2 所示	图 2-3-2　使用"吸管工具"吸取颜色

序号	操作步骤及关键点	操作标准
2	在"拾色器"对话框、"色板"面板，以及工具栏的前景色中，当前颜色会自动变为刚才单击区域的颜色，如图 2-3-3 所示	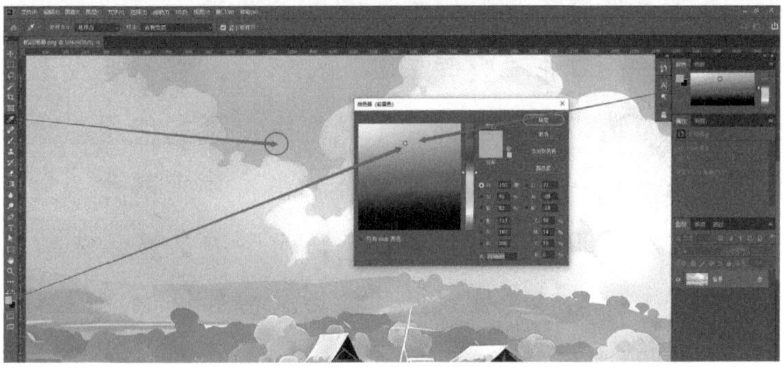 图 2-3-3　变为选中颜色
3	在"吸管工具"的工具属性栏中，勾选"显示取样环"复选框，如图 2-3-4 所示	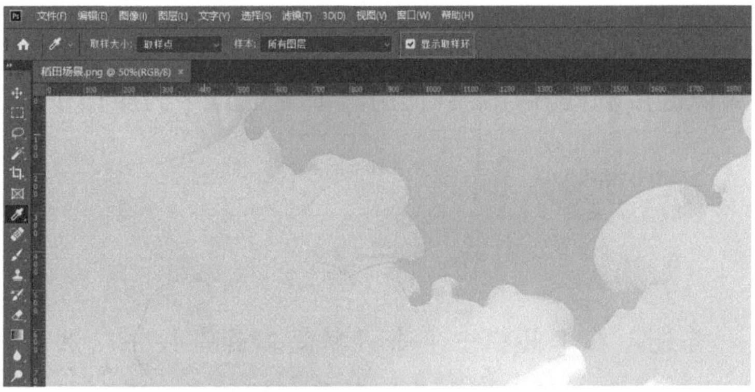 图 2-3-4　勾选"显示取样环"复选框
4	使用"吸管工具"选中颜色之后，按住鼠标左键会出现一个环状物，即取样环，如图 2-3-5 所示	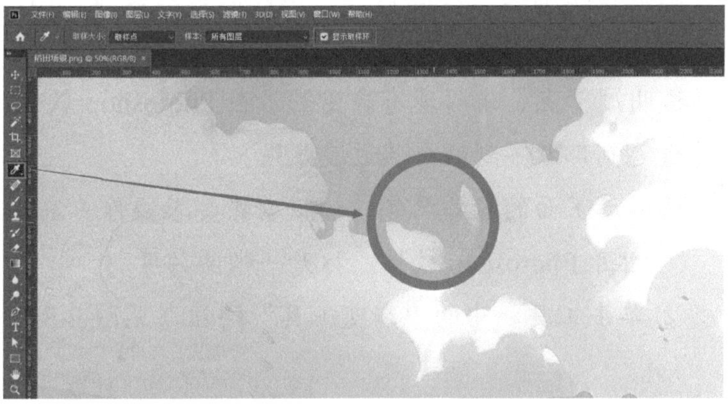 图 2-3-5　取样环
5	使用"吸管工具"吸取下一个颜色，按住鼠标左键，此时取样环的上方为当前区域选中的颜色，下方为之前选中的颜色，如图 2-3-6 所示	 图 2-3-6　上下环分别显示颜色

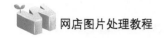

 操作要领

激活"吸管工具"的方法有以下两种。

方法一：单击"吸管工具"按钮后，在需要吸取颜色的位置单击，该颜色即会被自动选中。若勾选"显示取样环"复选框，则在使用"吸管工具"吸取颜色时，按住鼠标左键不放，会出现一个环形的取样环。当再次吸取另一种颜色时按住鼠标左键不放，环形取样环的上方会显示当前选中的颜色，而下方则显示先前选中的颜色。

方法二：在英文输入法状态下，按快捷键"I"可以快速激活"吸管工具"。

2）"渐变工具"

使用"渐变工具"可以创建平滑过渡的渐变效果，适用于图层、选区或各种形状。请阅读知识链接的内容，了解使用"渐变工具"的操作步骤。

知识链接

使用"渐变工具"的操作步骤

首先，在工具栏中单击"渐变工具"按钮；然后，在其工具属性栏中设置渐变的类型（如线性渐变、径向渐变等）和渐变的颜色；最后，在图像上渐变的起点位置单击，并按住鼠标左键拖至渐变的终点位置，松开鼠标左键后，所选区域将被填充为渐变色，调整渐变的方向、颜色和效果。此外，"渐变工具"还提供了一些高级选项，用于调整不透明度、添加透明度节点、编辑现有渐变等。在 Photoshop 软件中，"渐变工具"常用于颜色填充，制作出笔刷都做不到的自然过渡效果。

请阅读下面的操作要领，按照步骤要求操作"渐变工具"。

① 打开 Photoshop 软件，打开一张图片素材。

② 单击工具栏中的"渐变工具"按钮（见图 2-3-7），或者按快捷键"G"。

图 2-3-7 单击"渐变工具"按钮

③ 在其工具属性栏中可以看到 5 种渐变类型，分别是线性渐变、径向渐变、角度渐变、对称渐变和菱形渐变，如图 2-3-8 所示。

图 2-3-8 渐变类型

④ 单击渐变色色条，弹出"渐变编辑器"对话框，如图 2-3-9 所示。在"预设"选区中有一些设置好的渐变色，如双色渐变、透明渐变、三色及以上的渐变。

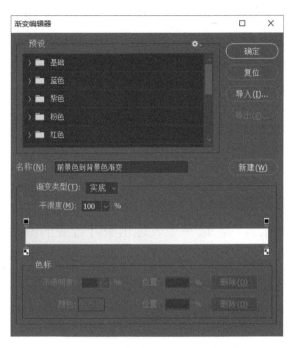

图 2-3-9　"渐变编辑器"对话框

⑤ 在"渐变编辑器"对话框中，可以替换颜色或增加颜色。

⑥ 双击色标滑块，弹出"拾色器"对话框，选中不透明度色标，将"不透明度"设置为0%，即可将颜色从渐变中移除。

⑦ 移动空心点，可以调整中间色区域范围。

⑧ 单击"新建"按钮，可以将渐变色添加至"预设"选区中。

⑨ 先将素材的背景使用选区工具抠除，再新建图层，使用"渐变工具"添加渐变色。

 **任务评价**

请围绕评价内容，根据实践活动过程及活动实践结果的记录，进行学生自评与教师点评，并填写表 2-3-1。

表 2-3-1　填充店标颜色评价表

评价内容		分值	评价	
			学生自评	教师点评
任务 2.3	插入一张图片，使用"吸管工具"吸取图片的某一个颜色作为前景色	60 分		
	使用"渐变工具"，替换已经设置好的渐变色中的一种颜色	40 分		

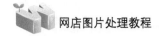

 任务拓展

随着电商的发展，许多茶叶店开始在网上开店，这时店标的颜色就显得尤为重要。一个优秀的店标设计不仅能吸引消费者的眼球，还能提升品牌形象，提高销售额。因此，如何在设计中巧妙融合传统茶叶店的颜色元素与现代电商的设计理念，是店标设计者需要认真思考和解决的重要问题。请根据上述所讲的对店标标准色的认识与"吸管工具"、色板、"渐变工具"的使用，在之前设计好的茗香茶叶店的店标基础上，选择适合自己店标的颜色进行填充，如图 2-3-10 所示。

具体要求如下。

（1）打开茗香茶叶店的墨稿店标。

（2）使用色板和"渐变工具"，选择能表达出茶叶行业的颜色进行填充（例如，绿色可以体现茶叶商品的自然特性）。

（3）整体店招颜色要具有品牌识别度和视觉吸引力。

图像文件	图片详情
文件	 图 2-3-10　示例店标

任务 2.4　添加图层效果

 任务目标

- 知识目标：（1）了解图层样式的原理。
  （2）掌握图层样式的使用方法。
- 能力目标：（1）能够掌握图层样式的效果设置和原理。
  （2）能够创建图层并对图层效果进行编辑。
- 素质目标：领会图层艺术效果的呈现方式，提升审美感知力。

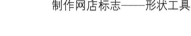

 **任务实践**

图层作为 Photoshop 软件的基础工具，功能十分强大。通过图层的特殊功能可以创建很多复杂的图像效果，使设计的图像看起来更加引人注目和专业化。设计者可以通过添加效果和样式来实现其创意愿景，使图像或文本达到其所期望的外观。学会使用图层效果不仅可以制作出更精美的图片，还可以提高工作效率，减少手动处理的步骤，从而更快地完成设计项目。掌握图层效果的使用是提高 Photoshop 软件技能水平的关键一步。图层是任何图像处理和设计工作中不可或缺的工具之一。

1. 了解图层样式的原理

图层样式也被称为图层效果，用于为图层中的图像添加投影、发光、浮雕等效果，创建具有真实质感的实物特效。图层样式可以随时修改、隐藏或删除，具有非常强的灵活性。在 Photoshop 软件中，可以对图层应用各种样式效果，以增强图层的视觉效果。请阅读知识链接的内容，了解 Photoshop 软件中图层样式的基本原理。

 **知识链接**

图层样式的基本原理

1）图层样式的叠加

在 Photoshop 软件中，图层样式是以叠加方式应用到图层上的，可以随时编辑或移除图层样式，而不会影响图层上的实际图像或文本。

图层样式的基本原理

2）图层样式的顺序

图层样式按照一定顺序应用到图层上。在通常情况下，"阴影"和"外发光"等效果在底部，而"颜色叠加"效果在顶部。

3）图层样式的调整

图层样式的效果可以进行自定义调整，如更改"颜色""不透明度""模糊程度"等参数，以适应不同的设计需求。

4）图层样式的保存和应用

设置图层样式后，可以将其保存为样式预设，以便在将来的设计中重复使用。这样不仅可以保持设计的一致性，还可以加快设计的速度。

5）图层样式的混合模式

图层样式的效果可以选择不同的混合模式（例如，"正常""叠加""柔光"等），并且每种混合模式都会产生不同的视觉效果。

6）图层样式的混合选项

每个图层样式都配备了"混合选项"，能够控制该图层样式与其下方的图层之间的相

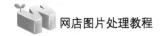

互作用，包括不透明度、填充、轮廓等方面。

7）图层样式的实时预览

在应用图层样式时，可以实时预览效果，以便在达到想要的效果之前进行微调。

掌握 Photoshop 软件中图层样式的基本原理，才能快速正确地使用 Photoshop 软件来操作图层。

2. 调整图层样式和效果

在了解 Photoshop 软件中图层样式的原理后，需要对图层样式进行调整，用于呈现不同的效果。请阅读知识链接的内容，了解调整图层样式和效果的方法。

调整图层样式和效果的方法

1）创建和组织图层

（1）新建图层：在"图层"面板中，单击"创建新图层"按钮，或者按快捷键"Ctrl+Shift+N"，即可创建一个新的图层。

（2）重命名图层：双击"图层"面板中的图层名称，即可为该图层重命名。

（3）组织图层：在"图层"面板中，可以通过拖动图层来调整它们的上下顺序，还可以将相关图层放入同一个图层组中，便于管理和查找。

2）图层样式和效果

（1）投影："投影"效果可以在图层下方创建一个模拟阴影的效果。我们可以通过调整投影的颜色、距离、扩展、大小、不透明度等参数，使图层看起来像是浮在画布上一样。在调整"投影"效果时，一般选择和物体颜色相似的、偏暗的颜色，相当于物体的影子；"距离"参数用于调整影子的远近；"扩展"参数用于调整影子的作用范围；"大小"参数用于调整影子边缘虚开的效果；"不透明度"参数用于调整影子的不透明度。

（2）内阴影："内阴影"效果可以在图层内部创建一个模拟阴影的效果，并且可以根据需要调整内阴影的颜色、距离、阻塞、大小、不透明度和角度等参数，如图 2-4-1 所示。

图 2-4-1　"内阴影"效果

（3）内发光／外发光：该发光效果可以在图层周围创建一个光晕效果，并且可以根据需要调整发光的颜色、大小、范围、不透明度和混合模式等参数。使用"内发光"效果可以在图层边缘内部创建发光的效果，使用"外发光"效果可以在图层边缘外部创建发光的效果，如图 2-4-2 所示。

图 2-4-2　"内发光"和"外发光"效果

（4）斜面和浮雕：斜面效果可以使图层看起来具有立体感，仿佛被雕刻或凸起，通过调整斜面的样式（如内斜面、外斜面等）、深度、颜色、方向和光源角度等参数来调整斜面效果，如图 2-4-3 所示。浮雕效果能够形成像雕刻那样的立体感；枕状浮雕效果就是模拟将图层边缘嵌入下方图层的感觉；描边浮雕效果要配合"描边"效果使用，否则看不出效果。

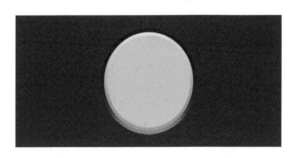 

图 2-4-3　斜面效果

（5）纹理："纹理"效果可以在图层上应用一种纹理图像，给图层添加一种有质感的外观。选择纹理图案，并调整其缩放和深度等参数。

（6）渐变叠加："渐变叠加"效果可以将一个渐变色效果应用到图层上，并且可以根据需要调整渐变色、角度、样式和不透明度等参数。

（7）颜色叠加："颜色叠加"效果可以将一个颜色应用到图层上，并且可以根据需要调整颜色、不透明度和混合模式等参数，如图 2-4-4 所示。"渐变叠加"效果、"颜色叠加"效果和"图案叠加"效果三者是冲突的，其中"颜色叠加"效果的级别最高。当三者同时使用时，只会显示"颜色叠加"效果。当"渐变叠加"效果和"图案叠加"效果同时使用时，只会显示"渐变叠加"效果。所以，想要显示"图案叠加"效果，就不能使用"颜色叠加"效果和"渐变叠加"效果。

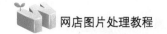

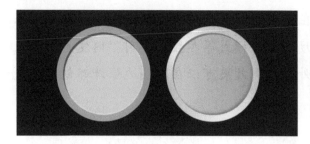 

图 2-4-4 "颜色叠加"效果

（8）描边："描边"效果可以使用颜色、渐变或图案来描画对象的轮廓，对硬边形状（如文字等）的效果更明显，如图 2-4-5 所示。"描边"效果其实就是产生一种描边的状态，可以对图形内、中、外设置描边，也可以调整大小、不透明度和混合模式。如果将"填充类型"设置为"颜色"，则会产生对应颜色的描边。除此之外，还可以将"填充类型"设置为"图案"或"渐变填充"。

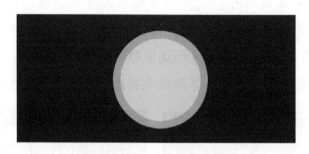

图 2-4-5 "描边"效果

这些只是常见的图层样式的设置，Photoshop 软件中还有许多其他可用的样式效果可以应用于图层。打开"图层样式"对话框，可以选择图层并单击"图层"面板右下角的"添加图层样式"按钮，在弹出的下拉列表中选择要添加的效果选项，根据需要调整各种参数，以达到想要的效果。

3）图层的蒙版和透明度

（1）图层的蒙版：蒙版可以用来隐藏部分图层，让其下方的图层得以显现。在"图层"面板中，选中图层后单击"添加蒙版"按钮，即可创建一个蒙版。使用黑色画笔在蒙版上进行涂抹，可以隐藏部分图层；使用白色画笔在蒙版上进行涂抹，可以还原被隐藏的部分。

（2）调整图层的透明度：在"图层"面板中，通过拖动不透明度滑块来调整图层的透明度。调高不透明度的值可以让底层图像更加若隐若现，而降低不透明度的值则可以让底层图像更加清晰可见。

4）使用调整图层

调整图层可以对图像进行全局调整，而不改变原始图像。在"图层"面板中，单击"创建新的填充或调整图层"按钮，在弹出的下拉列表中选择所需的调整选项，如"色阶""曲线""色彩平衡"等。通过调整图层，可以修改图像的色调、对比度和色彩平衡等。

 **任务评价**

请围绕评价内容，根据实践活动过程及活动实践结果的记录，进行学生自评与教师点评，并填写表 2-4-1。

表 2-4-1　添加图层效果评价表

评价内容		分值	评价	
			学生自评	教师点评
任务 2.4	了解图层样式的操作方法，至少可以给图片添加两种图层样式和效果	30 分		
	能够隐藏图片的部分图层，并将隐藏图层的不透明度调整为 40%	70 分		

 任务拓展

《数字农业农村发展规划（2019—2025 年）》指出，我国农业进入高质量发展新阶段，乡村振兴战略深入实施，农业农村加快转变发展方式、优化发展结构、转换增长动力，为农业农村生产经营、管理服务数字化提供广阔的空间。对茶叶产业来说，与该规划的结合意味着要利用数字化技术来提升茶产业的生产效率和商品质量，同时要注重茶产业的品牌建设和市场拓展。安徽省黄山市是我国著名毛峰茶叶产地，当地茶企正努力借助数字化手段，对传统制茶工艺进行改进和创新，以提升品牌价值。请根据本任务所讲的图层样式的知识点，为下面这张毛峰茶叶的素材图添加"投影"效果。

具体要求如下。

（1）新建一个宽度为 600 像素，高度为 600 像素，分辨率为 72 像素/英寸，颜色模式为 RGB 颜色，背景内容为白色的文档。

（2）导入文件（见图 2-4-6），调整素材在画布上的大小比例。

（3）为该素材添加"投影"效果，让该图片在白色背景中有突出显示的效果。

图像文件	图片详情
文件	图 2-4-6　毛峰茶叶

模块三

调整图片色彩——调色工具的应用

🔔 **典型任务描述**

　　在实际商品拍摄过程中，我们经常会遇到各种不可避免的问题（如拍摄环境、采光、商品本身色调、相机设置等问题），可能导致拍摄出的商品图片存在色彩偏差、曝光过度或曝光不足等现象，无法真实还原商品的原貌，从而对网店的信誉产生影响。为了解决这些问题，需要使用色阶、曲线、色相／饱和度、亮度／对比度等调色工具对色调、光效进行调整与优化，将商品最真实的一面展现给消费者，进而提升消费者的浏览体验。

🔔 **模块知识地图**

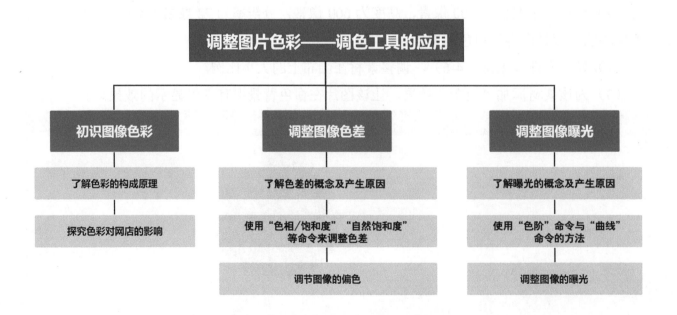

任务 3.1 初识图像色彩

 任务目标

- 知识目标：（1）理解色彩的构成原理。

　　　　　　（2）理解色彩对网店图片的影响。

- 能力目标：（1）能够了解色彩的构成原理。

　　　　　　（2）能够运用色彩原理进行网店的色彩搭配。

- 素质目标：培养审美能力，提升对颜色的视觉感知。

 任务实践

　　随着网络购物的普及，网店在市场中的竞争变得日益激烈。商家纷纷通过在线购物平台来展示自己的商品。在通常情况下，绚丽多彩、设计美观的商品图片更易吸引消费者的注意，使其产生消费欲望。由此可见，商品图片设计对网店的发展至关重要，甚至可以影响商品的销量。在商品图片设计相关的各因素中，最直观、最容易影响消费者心理的设计元素就是色彩。因此，色彩搭配成功与否将直接影响商品图片设计的效果。下面对色彩的构成原理，以及色彩对网店的影响进行详细介绍。

1. 了解色彩的构成原理

　　色彩构成原理涉及色彩理论、调色技巧，以及图像编辑中的关键概念。深入了解色彩的构成原理不仅能帮助用户更好地调整和管理图像的色彩，还能提升图像的视觉效果和吸引力。请阅读下面的知识链接，学习色彩的构成原理。

 知识链接

色彩的构成原理

1）色系

（1）有彩色：有彩色包括了可见光中的所有色彩，以红色、橙色、黄色、绿色、青色、蓝色、紫色为基本色，将其混合，进而产生众多的色彩，如图3-1-1所示。彩色系中的任何一种颜色，都具有色相、明度和纯度三种属性，即色

色彩的构成原理

彩三要素。

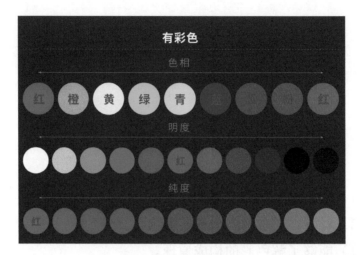

图 3-1-1　有彩色

（2）无彩色：无彩色是由黑色、白色、灰色组成，没有色相和纯度，只有明度，如图 3-1-2 所示。从最亮的白色开始，依次为纯白、白、亮灰、浅灰、亮中灰、中灰、灰、暗灰、黑灰、黑、纯黑等，共 11 个层级。

图 3-1-2　无彩色

（3）特别色：在实际应用中，还有一类色彩在使用时的效果不同于以上两种色彩，具有特殊性，被称为特别色，如金色、银色、荧光色等，如图 3-1-3 所示。

图 3-1-3　特别色

2）色彩三要素

（1）色相：颜色的专业术语，表示某种颜色的名称，是色彩的最基本特征，也是一种色彩区别于另一种色彩最主要的因素。基本的色相包括红色、橙色、黄色、绿色、蓝色、紫色等，这些颜色各自代表一种具体的色相，其差别属于色相的差别。不同色相的色彩能够让人产生不同的视觉心理。在实际的图片色彩设计中，选择合适的色相色彩能够提升消费者对商品的认同感，从而促进销售。

（2）明度（亮度）：色彩的明暗程度，代表色彩明暗、深浅的变化，适于表现物体的立体感和空间感。不同色相色彩的明度不同，在无彩色系中，白色明度最高，黑色明度最低；在色相环上，黄色明度最高，紫色明度最低。此外，同一色相的色彩也会有不同的明度层级。不同明度的色彩会带给人不同的心理感受。针对不同类型的商品，选择合适明度的色彩。例如，女性用品、儿童用品、喜庆用品等可以使用明度较高的色彩，而男性用品可以使用明度较低的色彩。

（3）纯度（饱和度）：色彩的纯净度和饱和程度，代表色彩的鲜艳程度，而纯度降低就意味着颜色由鲜艳到黯淡。纯度最高的颜色为纯色，纯度最低的颜色为灰色。色彩在没有添加白色、黑色或灰色等其他色彩时，纯度最高。例如，一个颜色中含有白色或黑色的成分越多，其纯度就会越低。纯度高的色彩非常鲜明，而纯度低的色彩则比较暗淡。色彩的纯度会对色彩的其他要素产生影响，如纯度降低，明度也会降低。

3）色彩空间

（1）色立体：依据色彩的色相、明度、纯度变化关系，借助三维空间，用旋转直角坐标的方法，组成一个类似球体的立体模型，并将该模型称为色立体，如图3-1-4所示。自上而下，明度递减；自外向内，纯度递减。

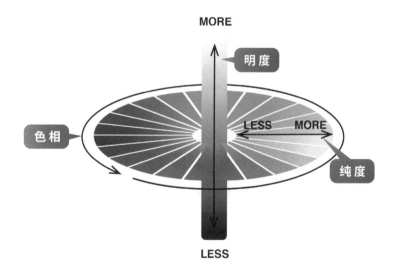

图 3-1-4　色立体

（2）色相环：色相依序排列形成色相环。有 6/12/24/36/48/72 色相环等。根据色彩的应用又分为色光色相环（见图3-1-5）和色料色相环（见图3-1-6）。色光色相环也被称为 RGB 色相环，是一种特殊的色相环，以色光三原色（红色、绿色、蓝色）为基础，通过混合不同比例和颜色来生成各种颜色。色料色相环也被称为 CMYK 色相环或 24 色相环，是按照光谱在自然中出现的顺序来排列的，其中按照色相给予人的视觉心理可以分成暖色和冷色两大类；按照颜色在色相环的位置间隔可分为基色、同类色、类似色、邻近色、中差色、

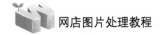

对比色、临近互补色和互补色。在图片色彩设计中，常使用色相环进行搭配。

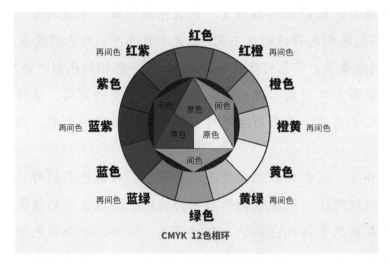

图 3-1-5　色光色相环

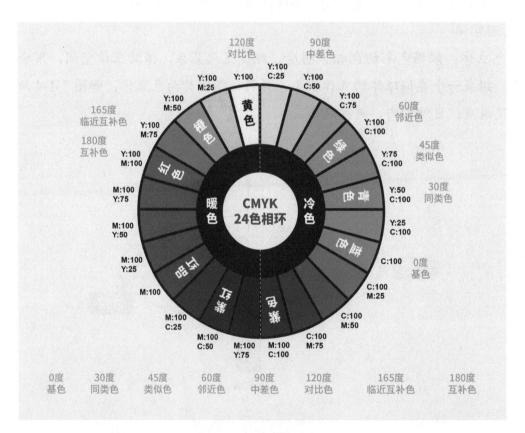

图 3-1-6　色料色相环

　　（3）原色（基色）：最基本的色彩，也被称为一次色，无法通过混合其他颜色得到，但是可以按照一定比例将原色混合，产生其他颜色，如图 3-1-7 所示。RGB 三原色也被称为光的三原色，分别为红色、绿色和蓝色，CMYK 三原色由洋红、蓝色和黄色组成。

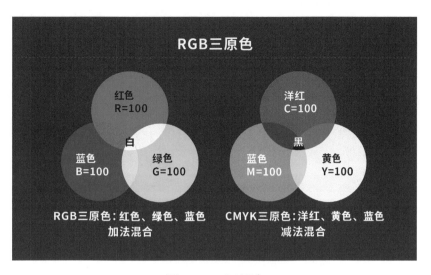

图 3-1-7　三原色

2. 探究色彩对网店的影响

在了解色彩的构成原理后，将其应用于网店的图片也是需要掌握的必要技能之一。在网店设计中，商品图片的质量和吸引力对于吸引消费者、提升销售至关重要，而色彩是影响商品图片视觉效果和吸引力的关键因素之一。了解色彩对网店的影响可以帮助网店优化和改善商品图片，从而吸引更多的目标客户并提升销售。请通过下面的知识链接，学习色彩如何对网店产生影响。

色彩对网店的影响

色彩对网店的影响是多方面的，在网店的设计和运营中，应该充分考虑色彩的因素，合理运用色彩来提升网店的吸引力和竞争力。

色彩对网店
的影响

1）注意力吸引

色彩可以使网店图片引人注意，吸引潜在消费者的目光。鲜艳、饱满的色彩往往能够更好地捕捉人们的眼球，并吸引他们进一步浏览商品。

2）情绪表达

不同的色彩可以引发不同的情绪和感受。例如，红色可以传达活力和激情，蓝色可以传达冷静和信任，绿色可以传达自然和健康等。根据商品和品牌的特点，选择适合的色彩可以让消费者得到正确的情感共鸣。例如，采用红色为主基调可以让消费者感受过年的热闹氛围（见图 3-1-8），或者以绿色为主色调，向消费者传达健康和自然的信号（见图 3-1-9）。

图 3-1-8　年货网店

图 3-1-9　果蔬网店

3）品牌识别

色彩在建立品牌形象中发挥着重要的作用。选择一组独特的品牌色彩可以帮助消费者区分网店和其他竞争对手，有利于增强品牌的识别度。同时，这些色彩可以直接应用于网店的标志、背景、按钮等元素上，将品牌形象与网店视觉相结合，做到品牌与网店风格的统一。

4）商品展示

对网店来说，色彩的选择和使用深深影响着网店商品的展示效果。不同的商品可能需要不同的色彩搭配来突出其特点和吸引力。例如，对于美妆用品，我们可以使用红色、紫色等色彩来表达女性的美丽、神秘的特点；对于护肤用品，我们可以使用蓝色、绿色等色彩来体现商品的自然和健康。

5）受众文化认同

不同文化对颜色的认知和偏好也有所不同。在面向多个国家和文化的网店中，了解受众文化对色彩的偏好和意义是非常重要的。避免使用可能被视为冒犯或寓意不好的色彩组合与符号，以确保网店在不同文化中具有广泛的吸引力。

在对网店或商品的图片进行色彩设计时，需要注意考虑用户的体验。如果色彩过度艳丽或不合适，则会干扰用户对商品的理解或降低其购买意愿。因此，良好的色彩搭配是给予用户视觉享受的首要步骤，也是进行网店视觉设计的关键步骤。色彩并非越多越好，需要张弛有度，过度的叠加可能会适得其反。

 任务评价

请围绕评价内容，根据实践活动过程及活动实践结果的记录，进行学生自评与教师点评，并填写表 3-1-1。

表 3-1-1　图像色彩评价表

	评价内容	分值	评价	
			学生自评	教师点评
任务 3.1	理解色彩的基本属性和组合方式，运用色彩的构成原理设计一张商品图	40 分		
	理解色彩对于网店图片的影响，能够正确使用色彩匹配不同类型的网店	60 分		

 任务拓展

在电子商务环境中，网店商品图片的质量和展现方式对消费者的购买决策起着关键的作用。颜色是视觉信息的重要组成部分，不同的颜色可以引发消费者不同的情绪反应和购买意愿。通过对比分析不同行业商品的颜色特性，研究其对消费者视觉吸引力、情感反应，以及最终购买行为的影响程度，从而为网店经营者提供更科学、有效的商品图片设计策略。请根据上述所学色彩对网店的影响，判断西湖龙井茶、笔记本电脑、手链三类商品的网店图片更适合什么颜色。

具体要求如下。

（1）西湖龙井茶商品图（见图 3-1-10）要体现自然、健康的商品特性。

（2）笔记本电脑商品图（见图 3-1-11）要体现科技、高端的商品特性。

（3）手链商品图（见图 3-1-12）要体现轻奢、精致的商品特性。

网店商品图片	网店商品	适用颜色	答案
图 3-1-10　西湖龙井茶	西湖龙井茶	A. 红色 B. 绿色 C. 蓝色	

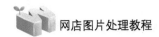

续表

网店商品图片	网店商品	适用颜色	答案
 图 3-1-11　笔记本电脑	笔记本电脑	A. 黄色 B. 蓝色 C. 红色	
 图 3-1-12　手链	手链	A. 绿色 B. 红色 C. 黄色	

任务 3.2　调整图像色差

 **任务目标**

- 知识目标：（1）了解色差的概念与色差产生的原因。
　　　　　　（2）掌握"色相 / 饱和度""自然饱和度""色彩平衡"等命令的使用方法。
　　　　　　（3）能辨析图像的偏色，选择并使用相应的命令调整图像色差。
- 能力目标：（1）能够辨别色差并分析其产生的原因。
　　　　　　（2）能够使用相应的命令调整图像的饱和度、色相等。
　　　　　　（3）能够辨析图像的偏色，并使用相应的命令对图像的偏色进行修复和平衡。
- 素质目标：培养良好的审美意识，提升关注细节的能力。

任务实践

　　在商品图片的拍摄过程中，受拍摄设备、拍摄手法或环境因素的影响，图片中商品的色彩可能会和实际存在一定的差异，这种差异通常就是我们所说的色差。在图片拍摄或制作的过程中可能会产生色差，虽然商品的色差会让商品产生突出的效果，使商品特点更加直观、突出，但是在多数情况下会导致商品颜色失真，影响商品的展示效果。为了使商品的图片更加生动美观，图像的色差调整就更加不可或缺。下面对色差的概念及产生原因，以及使用"色相／饱和度""色彩平衡"等命令来调整图像的饱和度及其他参数的方法进行详细介绍。

1. 了解色差的概念及产生原因

色差是指同一图像或物体在不同显示设备、打印设备或光源下呈现出的颜色差异。这种差异会导致显示色彩与实际或期望的色彩不一致，从而影响视觉效果的呈现和情感氛围的营造。了解色差的概念和产生原因有助于在图像处理过程中更好地控制色彩，保持色彩的准确性和一致性。请阅读下面的知识链接，了解色差的概念及产生原因。

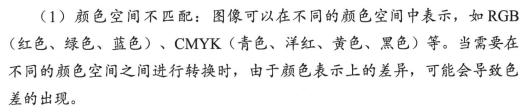

知识链接

色差的概念及产生原因

色差是指在图像或显示过程中出现的颜色偏差或差异，可能导致图像中的色彩与实际或期望的色彩不同。色差产生的原因如下。

（1）颜色空间不匹配：图像可以在不同的颜色空间中表示，如 RGB（红色、绿色、蓝色）、CMYK（青色、洋红、黄色、黑色）等。当需要在不同的颜色空间之间进行转换时，由于颜色表示上的差异，可能会导致色差的出现。

色差产生的原因
及调整方法

（2）颜色调整：在图像编辑的过程中，调整色相、饱和度、亮度等参数可能会导致色差。如果调整不正确，则会导致颜色失真或具有明显的色差。

（3）拍摄环境的影响：环境因素也可能导致色差的产生。例如，光照条件、色温和环境光线等因素可能对图像的色彩产生影响，使得图像在不同环境下呈现出不同的色彩效果。

2. 使用"色相／饱和度""自然饱和度"等命令来调整色差

使用色彩调整命令能够帮助用户精确地控制图像的色彩效果，并根据需求调整和优化图像色彩，从而达到更好的视觉效果。在使用这些命令之前，了解其功能原理和应用方式能够更加高效地实现色差调整。请阅读下面的知识链接，了解色相与饱和度的概念，学习它们的使用方式。

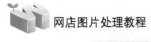

色相与饱和度认知

色相是颜色的基本属性，用于描述色彩在光谱中的位置。它以色轮为基础，包含了红色、橙色、黄色、绿色、蓝色、紫色等基本颜色。通过调整色相，可以改变图片中的整体颜色，从而传达不同的情感和氛围。

饱和度是指颜色的纯度或强度，表示颜色的鲜艳程度。高饱和度的颜色会显得鲜明、强烈，而低饱和度的颜色则会显得柔和、淡雅。调整饱和度可以影响颜色的鲜艳度和表现力。

常见的色相与饱和度的应用方式如下。

（1）色彩搭配：根据网店的主题和商品的特性，选择合适的色相来搭配。例如，健康和自然类商品可以使用绿色调进行搭配，时尚和装饰类商品可以使用饱和度较高的红色或金色调进行搭配。

（2）情绪表达：根据色相的属性，选择适合的色彩来传达特定的情绪和氛围。例如，橙色和红色等暖色相可以传递热情和活力；蓝色和紫色等冷色相可以传递冷静和安宁。

（3）引导注意力：通过调整色相与饱和度，可以在网店图片中引导潜在消费者的注意力。例如，将主要商品或关键信息置于饱和度较高的区域，或者在整体色调中使用高对比度的色相，可以使重要元素更加显眼。

（4）品牌识别：选择一组特定的色相与饱和度，用于构建网店的品牌识别。通过在不同页面和元素中保持一致的色彩风格，可以增强品牌的可识别性和连贯性。

（5）调整图片效果：在后期处理的过程中，可以通过调整色相与饱和度来改善图片的整体效果。根据需求和目标风格，调整色相与饱和度可以增加图片的生动性、对比度和视觉吸引力。

在了解完色相与饱和度的概念后，我们可以使用 Photoshop 软件对图像的色相、饱和度进行调整。下面将介绍几种操作命令。

1）"色相/饱和度"命令

"色相/饱和度"是图像编辑中比较常用的命令，允许用户改变图像的色相、饱和度和明度，以达到所需的色彩效果。在 Photoshop 软件中可以轻松找到"色相/饱和度"命令。找到"色相/饱和度"命令后，请尝试使用"色相/饱和度"命令调整图像的色差。

使用"色相/饱和度"命令的操作步骤及关键点如下。

序号	操作步骤及关键点	操作标准
1	进入Photoshop软件，单击"图像"菜单，如图3-2-1所示	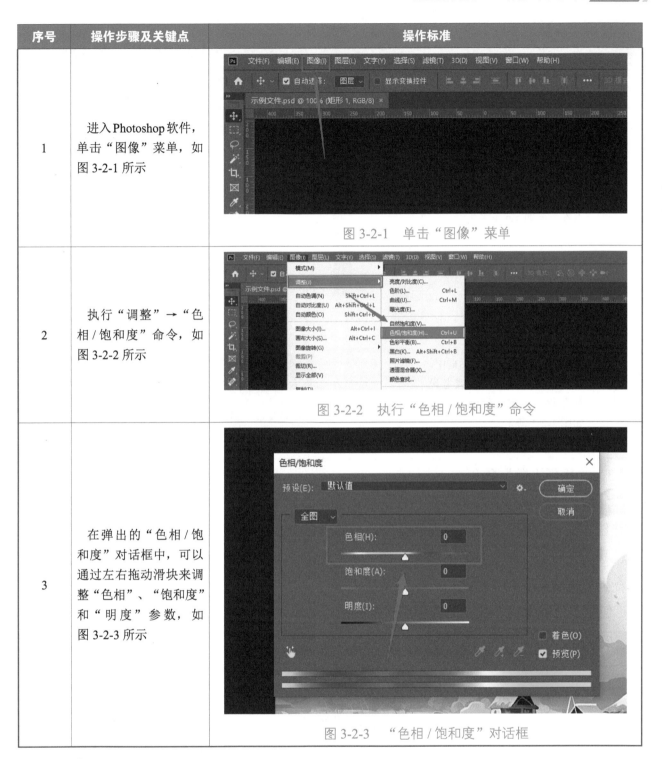图 3-2-1　单击"图像"菜单
2	执行"调整"→"色相/饱和度"命令，如图3-2-2所示	图 3-2-2　执行"色相/饱和度"命令
3	在弹出的"色相/饱和度"对话框中，可以通过左右拖动滑块来调整"色相"、"饱和度"和"明度"参数，如图3-2-3所示	图 3-2-3　"色相/饱和度"对话框

2）"自然饱和度"命令

自然饱和度是指呈现出自然环境中柔和的颜色饱和度。对自然饱和度的调整可以使用Photoshop 软件中的"自然饱和度"命令。与"色相/饱和度"命令不同的是，"自然饱和度"命令主要影响图像中较暗的颜色，而对较亮的部分影响较小。因此，"自然饱和度"命令常用来增强图像的暗部颜色，使图像更加突出，同时不会对亮部颜色造成过大的影响。在了解"自然饱和度"命令后，请尝试使用"自然饱和度"命令来调整图像的色差。

使用"自然饱和度"命令的操作步骤及关键点如下。

序号	操作步骤及关键点	操作标准
1	在菜单栏中执行"图像"→"调整"→"自然饱和度"命令，如图3-2-4所示	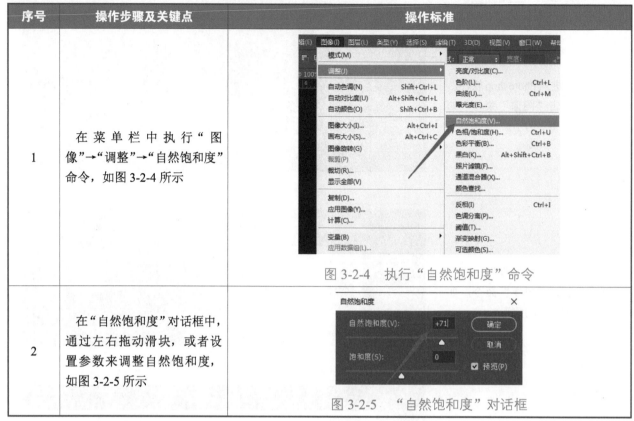 图 3-2-4　执行"自然饱和度"命令
2	在"自然饱和度"对话框中，通过左右拖动滑块，或者设置参数来调整自然饱和度，如图3-2-5所示	图 3-2-5　"自然饱和度"对话框

3）"色彩平衡"命令

"色彩平衡"是 Photoshop 软件中的常用命令，用来调整图像的色彩平衡，即颜色的偏移和补偿。我们可以在"色相/饱和度"命令的基础上使用"色彩平衡"命令来调节图像中的颜色平衡，以获得所需的色彩效果。在了解"色彩平衡"命令后，请尝试使用"色彩平衡"命令调整图像的色差。

使用"色彩平衡"命令的操作步骤及关键点如下。

序号	操作步骤及关键点	操作标准
1	在菜单栏中执行"图像"→"调整"→"色彩平衡"命令，如图3-2-6所示	图 3-2-6　执行"色彩平衡"命令

续表

序号	操作步骤及关键点	操作标准
2	在"色彩平衡"对话框中（见图3-2-7），可以通过拖动滑块，或者直接输入数值来调节色彩平衡	 图 3-2-7 "色彩平衡"对话框

3. 调节图像的偏色

图像偏色指的是图像中某些颜色或整体色调的偏移或失真，这种现象通常是由拍摄场景、拍摄设备、光照等因素的影响产生的。当图像出现偏色时，可能会影响图像的真实性和视觉效果，因此需要运用 Photoshop 软件来调整以恢复其正常的色彩。在了解图像偏色后，请尝试使用 Photoshop 软件来调节图像的偏色。

调节图像偏色的操作步骤及关键点如下。

序号	操作步骤及关键点	操作标准
1	在菜单栏中执行"图像"→"调整"→"色阶"命令，在弹出的"色阶"对话框中将"预设"设置为"自定"，单击"自动"按钮，使用"白场吸管工具"吸取青色，如图3-2-8所示	 图 3-2-8 色阶修复

网店图片处理教程

序号	操作步骤及关键点	操作标准
2	执行"图像"→"调整"→"曲线"命令，在弹出的"曲线"对话框中单击"自动"按钮，使用"白场吸管工具"吸取青色，如图3-2-9所示	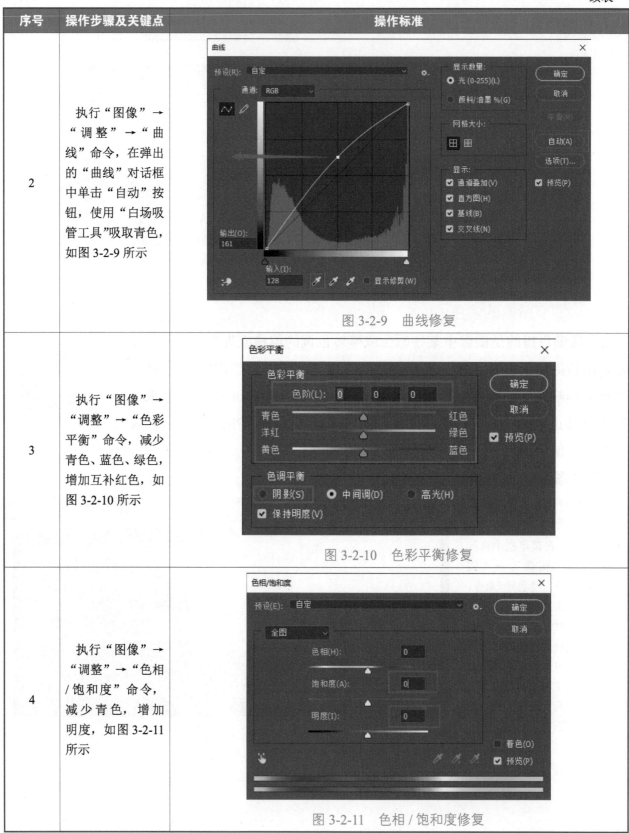 图 3-2-9　曲线修复
3	执行"图像"→"调整"→"色彩平衡"命令，减少青色、蓝色、绿色，增加互补红色，如图3-2-10所示	图 3-2-10　色彩平衡修复
4	执行"图像"→"调整"→"色相/饱和度"命令，减少青色，增加明度，如图3-2-11所示	图 3-2-11　色相/饱和度修复

 **任务评价**

请围绕评价内容，根据实践活动过程及活动实践结果的记录，进行学生自评与教师点评，并填写表 3-2-1。

表 3-2-1 调整图像色差评价表

评价内容		分值	评价	
			学生自评	教师点评
任务 3.2	了解色差形成的原因，能准确判断色差，为后续的图像处理打下基础	20 分		
	能够使用"色相／饱和度"命令和"色彩平衡"命令调整图像的饱和度及色彩的平衡	40 分		
	能够使用"色阶""曲线"等命令对偏色图像进行偏色修复	40 分		

 任务拓展

在电子商务领域，不同色相与饱和度的商品图片能产生截然不同的效果。高饱和度的颜色（如红色、黄色等）往往更引人注目，容易吸引消费者的注意；低饱和度的颜色（如灰色、蓝色等）给人的感觉更为柔和，更能营造出高端、专业的氛围。所以，选择合适的色相与饱和度对提高电子商务平台上茶叶商品的销量具有重要作用。请根据本任务所学的"色相／饱和度""曲线""色彩平衡"等命令的使用方法，通过 Photoshop 软件对下面这张茶叶商品图的色相与饱和度进行调整。将色相、饱和度设置为不同的值，并对比图片的效果。

具体要求如下。

（1）新建一个宽度为 800 像素，高度为 1200 像素，分辨率为 72 像素／英寸，颜色模式为 RGB 颜色的文档。

（2）将文件（见图 3-2-12）导入新建的文档中，复制 2 张商品图，即图层中会有 3 张一样的商品图片。

（3）第一张商品图使用"色彩平衡"命令进行调整，并通过调整不同的参数来观察图片的变化。

（4）第二张商品图使用"曲线"命令进行调整，并通过调整不同的参数来观察图片的变化。

（5）第三张商品图使用"色相／饱和度"命令进行调整，并通过调整不同的参数来观察图片的变化。

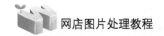

图像文件	图片详情
文件	 图 3-2-12　茶叶商品图

任务 3.3　调整图像曝光

 任务目标

- 知识目标：（1）了解曝光的概念及产生原因。
  - （2）掌握"色阶""曲线""亮度 / 对比度"等命令的使用方法。
  - （3）能辨析图像的曝光，选择并使用相应的命令来调整图像曝光。
- 能力目标：（1）能够根据曝光产生原因确定调整方向。
  - （2）能够选择并使用"曲线""亮度 / 对比度"等命令调整图像曝光。
- 素质目标：培养决策调整能力，追求卓越质量。

 任务实践

在拍摄商品图片时，曝光度是需要调节的重要参数之一，因为它决定了图片的明亮程度和细节表现。由于拍摄天气、拍摄角度等因素的影响，有时前景的事物会处于背光面，导致背景天空或建筑曝光过度，而前景的事物曝光不足，严重影响成像的质量。当图像曝光度不能满足要求时，我们可以通过 Photoshop 软件对图像曝光度进行调整，纠正图像曝光不足或过度的情况，让图像更加鲜艳、自然，提高图片的质量。下面对曝光产生的原因，以及使用"曲线""亮度／对比度"等命令来调整图像曝光的方法进行详细介绍。

1. 了解曝光的概念及产生原因

曝光是摄影和图像处理过程中一个关键的概念，直接影响着图像的明亮度、对比度和细节表现，对图像的最终质量和视觉效果具有重要影响。

请阅读下面的知识链接，了解曝光的概念及产生原因。

曝光的概念及产生原因

1）曝光的概念

曝光是指摄像机或相机的感光元件在一定时间内接收到光线的总量。在曝光过程中，光线照射在感光元件上，通过控制曝光时间、光圈和感光度等参数来调整图像的明暗程度。曝光不当可能会导致图像过暗（欠曝光）

曝光产生的原因
及调整方法

或过亮（过曝光），影响图像的质量和色彩。曝光对图像的明亮度、对比度和细节表现有着直接的影响。如果曝光不足，那么图像会显得暗淡，细节会丢失；如果曝光过度，那么图像会显得过于明亮，细节也会失去层次感。

2）常见的曝光不佳的原因

（1）拍摄错误：当在实际拍摄过程中曝光不正确时，可能会在后期编辑的过程中出现曝光问题。例如，如果使用相机设置错误的曝光参数，则会使拍摄的图像过暗或过亮，从而导致曝光问题。

（2）动态范围不足：某些场景具有高动态范围，即亮度差异非常大。在拍摄时，相机可能无法捕捉到整个动态范围内的细节。因此，在后期编辑的过程中会出现曝光不足或过曝的区域。

（3）拍摄格式：如果使用的是 JPEG 格式进行拍摄，则可以在相机内部对图像进行处理，并对曝光进行压缩和调整。但是，这可能会导致某些细节丢失或出现曝光问题。相比之下，使用相机支持的无损格式（如 RAW）进行拍摄可以提供更大的曝光调整余地。

（4）拍摄环境光照：在强光环境下，光线充足，可能会导致图像曝光过度，细节丢失，出现亮度过高的现象；而在光线较暗的情况下，图像可能会曝光不足，显得过于暗淡或缺乏细节。

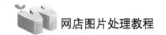

2. 使用"色阶"命令与"曲线"命令的方法

在了解曝光产生的原因后，需要使用 Photoshop 软件中的命令来调整图像的相关参数，从而解决图像的曝光问题。下面提供了几种命令的具体操作方法。

（1）"色阶"命令。

在 Photoshop 软件中，使用"色阶"命令可以帮助用户调整和优化图像的色彩范围和对比度，是调整图像曝光的主要命令之一。在了解"色阶"命令后，请尝试使用"色阶"命令来调整图像的曝光问题。

使用"色阶"命令的操作步骤及关键点如下。

序号	操作步骤及关键点	操作标准
1	在菜单栏中执行"图像"→"调整"→"色阶"命令，如图 3-3-1 所示	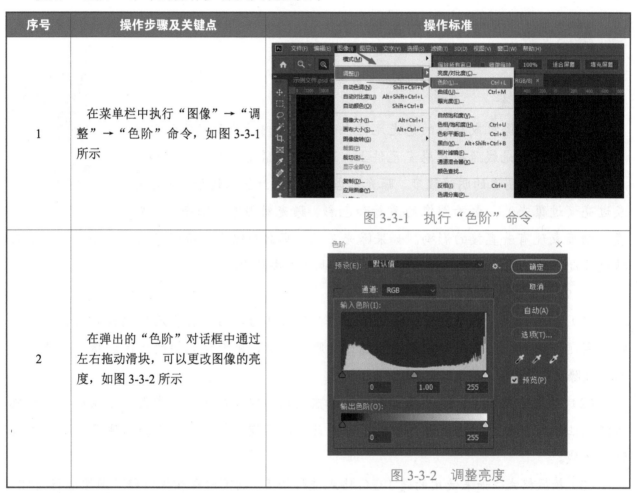图 3-3-1 执行"色阶"命令
2	在弹出的"色阶"对话框中通过左右拖动滑块，可以更改图像的亮度，如图 3-3-2 所示	图 3-3-2 调整亮度

操作要领

打开"色阶"对话框的方法有以下两种。

方法一：在菜单栏中执行"图像"→"调整"→"色阶"命令。

方法二：按快捷键"Ctrl+L"。

（2）"曲线"命令。

"曲线"命令作为高级的亮度和对比度调整命令，能够直接编辑图像中不同亮度水平下的像素值。通过调整曲线的形状，可以精确地改变图像中各个亮度层次的对比度和亮度。在了解"曲线"命令后，请尝试使用"曲线"命令来调整图像的曝光问题。

使用"曲线"命令的操作步骤及关键点如下。

序号	操作步骤及关键点	操作标准
1	在菜单栏中执行"图像"→"调整"→"曲线"命令，弹出"曲线"对话框，中间的线条就是用来调整的曲线，如图 3-3-3 所示	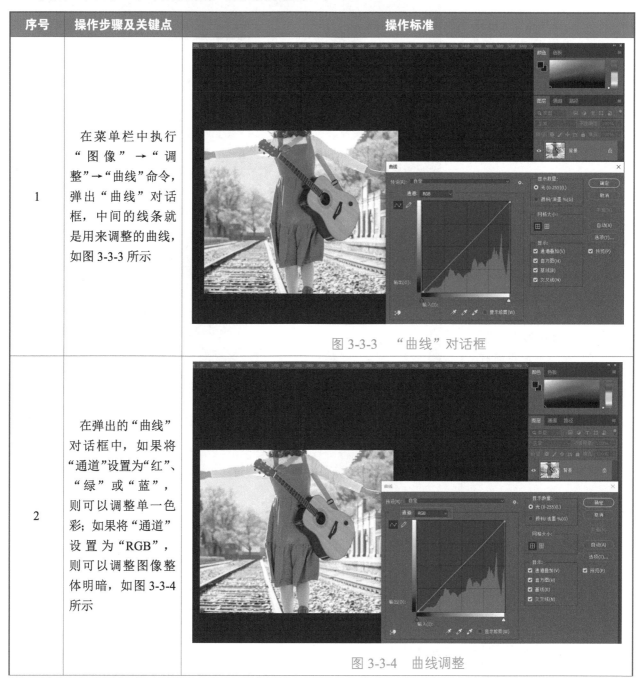 图 3-3-3　"曲线"对话框
2	在弹出的"曲线"对话框中，如果将"通道"设置为"红"、"绿"或"蓝"，则可以调整单一色彩；如果将"通道"设置为"RGB"，则可以调整图像整体明暗，如图 3-3-4 所示	图 3-3-4　曲线调整

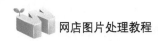

网店图片处理教程

续表

序号	操作步骤及关键点	操作标准
3	曲线越往上越亮，越往下越暗。如果将曲线中间的点往上提，则会提高整体图像的亮度，如图 3-3-5 所示	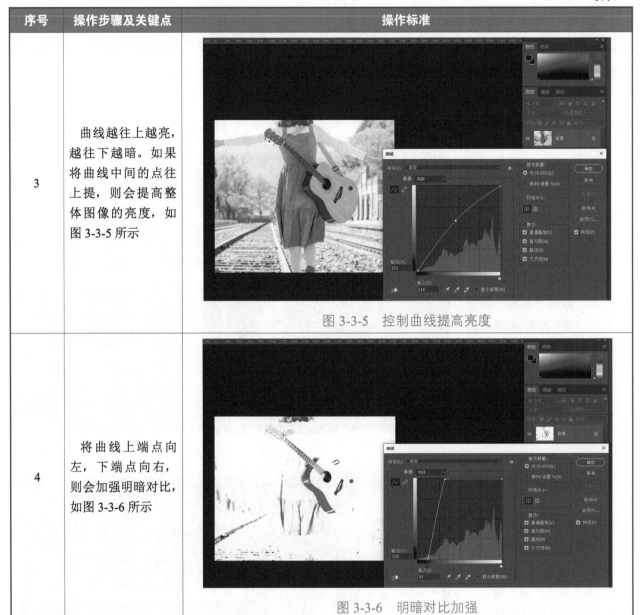 图 3-3-5　控制曲线提高亮度
4	将曲线上端点向左，下端点向右，则会加强明暗对比，如图 3-3-6 所示	图 3-3-6　明暗对比加强

操作要领

打开"曲线"对话框的方法有以下两种。

方法一：在菜单栏中执行"图像"→"调整"→"曲线"命令。

方法二：按快捷键"Ctrl+M"。

（3）"亮度 / 对比度"命令。

在编辑图片时，使用"亮度 / 对比度"命令可以针对图像中特定区域或整体进行亮度或对比度调整，从而达到更好的视觉效果。这个命令非常简单易用，但需要注意的是，过度调

078

整亮度和对比度可能会使图像失真或失去细节。在通常情况下，高对比度能够使图像中的明暗区域更为清晰和鲜明，而低对比度则会使得图像失去层次感和细节。在了解"亮度 / 对比度"命令后，请尝试使用"亮度 / 对比度"命令来调整图像的曝光问题。

使用"亮度 / 对比度"命令的操作步骤及关键点如下。

序号	操作步骤及关键点	操作标准
1	在菜单栏中执行"图像"→"调整"→"亮度 / 对比度"命令，如图 3-3-7 所示	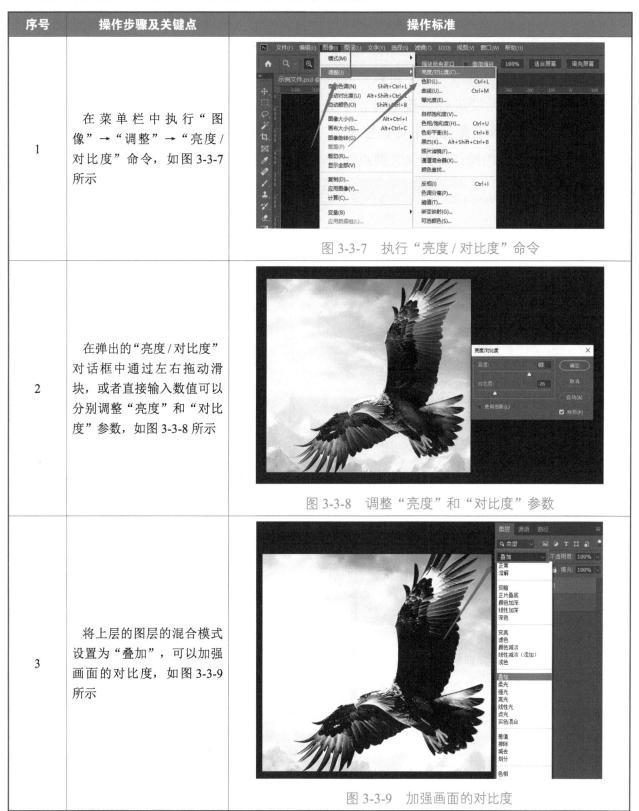图 3-3-7　执行"亮度 / 对比度"命令
2	在弹出的"亮度/对比度"对话框中通过左右拖动滑块，或者直接输入数值可以分别调整"亮度"和"对比度"参数，如图 3-3-8 所示	图 3-3-8　调整"亮度"和"对比度"参数
3	将上层的图层的混合模式设置为"叠加"，可以加强画面的对比度，如图 3-3-9 所示	图 3-3-9　加强画面的对比度

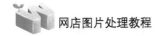

操作要领

打开"亮度/对比度"对话框的方法如下。

在菜单栏中执行"图像"→"调整"→"亮度/对比度"命令。

辨析图像曝光

3. 调整图像的曝光

使用"色阶"和"曲线"命令可以对亮度、明暗度，以及对比度等多个参数进行调整。下面将介绍针对曝光度进行调整的方法。在了解"色阶"命令和"曲线"命令后，使用 Photoshop 软件对图像的曝光度进行调整。

调整图像曝光度的操作步骤及关键点如下。

序号	操作步骤及关键点	操作标准
1	单击"图层"面板底部的"创建新的填充或调整图层"按钮，在弹出的下拉列表中选择"曝光度"选项，如图 3-3-10 所示	图 3-3-10　选择"曝光度"选项
2	打开"属性"面板，通过拖动滑块，或者手动输入数值，可以增加或减少整个图像的曝光度，如图 3-3-11 所示	图 3-3-11　调整曝光度

操作要领

调整图像曝光度的方法有以下两种。

方法一：在菜单栏中执行"图像"→"调整"→"曝光度"命令。

方法二：单击"图层"面板底部的"创建新的填充或调整图层"按钮，在弹出的下拉列表中选择"曝光度"选项。

这两种方法会分别打开"曝光度"对话框和"属性"面板，出现可供操作的参数选项，其中包括"曝光度"、"位移"和"灰度系数校正"等选项。通过调整这些选项，可以提高或降低图像整体的明亮度。

 任务评价

请围绕评价内容，根据实践活动过程及活动实践结果的记录，进行学生自评与教师点评，并填写表 3-3-1。

表 3-3-1 调整图像曝光评价表

	评价内容	分值	评价	
			学生自评	教师点评
任务 3.3	能够分析商品图片产生曝光的原因，为后续调整曝光操作做准备	20 分		
	能够使用"曲线"命令提高图像的亮度，并使用"亮度/对比度"命令调整图像的对比度	40 分		
	能够使用"曝光度"命令通过手动输入的方法调整图像曝光度	40 分		

 任务拓展

西湖龙井源自中国浙江省杭州市西湖地区。它以其独特的品质和历史文化底蕴而闻名于世。茶文化是中华民族传统文化的重要组成部分，承载着丰富的历史底蕴和人文精神。茶文化不仅代表了中国人对于生活品质的追求，更体现了中华民族深厚的礼仪文化和情感交流方式。请使用本任务所学的"色阶"命令与"曲线"命令，调整下面这张图片。

具体要求如下。

（1）新建一个宽度为 600 像素，高度为 800 像素，分辨率为 72 像素/英寸，颜色模式为 RGB 颜色的文档。

（2）将文件（见图 3-3-12）导入 Photoshop 软件中，复制 1 张商品图，即图层中会有 2 张一样的商品图片。

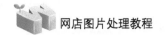网店图片处理教程

（3）第一张图片，使用"色阶"命令将下面这张图片的亮度调暗。

（4）第二张图片，使用"曲线"命令将这张图片的红色通道的输出值设置为100。

图像文件	图片详情
文件	 图 3-3-12　茶叶商品图

模块四

修复瑕疵图片——修图工具的应用

🔔 典型任务描述

　　商品图片在拍摄过程中经常会出现一些瑕疵，如商品表面或背景出现污点。这些瑕疵会影响商品图片的观赏性，进而影响用户的购物体验。为了提升商品图片的美观度，我们需要对其进行处理，去除划痕和污点等瑕疵，以确保图片达到预期的呈现效果。

🔔 模块知识地图

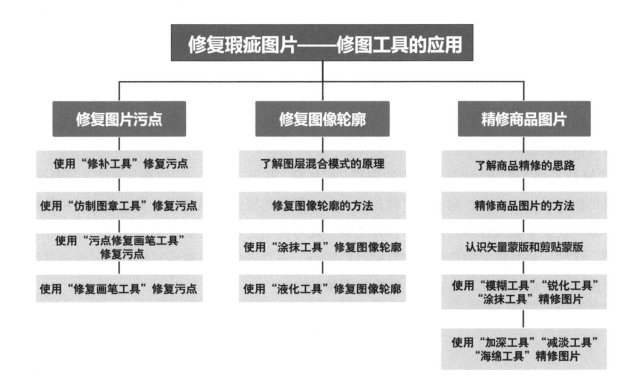

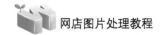

任务 4.1　修复图片污点

任务目标

- 知识目标：（1）了解"修补工具"的原理。
  - （2）理解污点的修复方法。
  - （3）掌握"修补工具""仿制图章工具""污点修复画笔工具""修复画笔工具"等工具的操作要领和使用方法。
- 能力目标：（1）能够根据污点的特征选择合适的污点修复工具。
  - （2）能够灵活使用各种污点修复工具修复图像。
- 素质目标：培养耐心和细心的品质，塑造对优质图像的审美感。

任务实践

在拍摄商品图片时，可能会受到环境、光线、拍摄设备等因素的影响，导致图片出现划痕、污点等瑕疵，严重影响照片的美观。为了提高照片质量，我们可以使用"修补工具"、"仿制图章工具"、"污点修复画笔工具"和"修复画笔工具"来快速地修复图片。

下面将详细介绍使用 Photoshop 软件修复图片污点的方法，以及一些注意事项。

1. 使用"修补工具"修复污点

"修补工具"是一种功能强大的工具，主要用于修复图像中的瑕疵和不完美的地方。它使用图像采集的样本像素区域或预设的图案来修复图像中不理想的像素区域，使修复后的像素区域自然地融入画面中。

"修补工具"可用于修复图像中的瑕疵，如划痕、污渍、皱纹、疤痕等。通过选择源区域，并在目标区域进行单击和拖动，"修补工具"会智能地根据周围进行修复，并填补对象的空白部分，使其看起来自然无痕。"修补工具"还可以用于修复老照片中的损坏、褪色和老化问题。比如，修复撕裂的边缘、修复褪色的部分、去除老化斑点和瑕疵等。通过选择并覆盖目标区域，"修补工具"可以智能地恢复图像的原貌。

知识链接

"修补工具"的原理

在使用"修补工具"时，需要根据具体的需求和图像情况对其工具属性栏（见图4-1-1）进行设置，以实现最佳的修复效果。熟练使用"修补工具"需要经验和技巧，建议参考Photoshop软件的相关教程和资源，并多加练习，以便更好地使用"修补工具"进行图像修复和编辑。

"修补工具"的原理

图 4-1-1　"修补工具"的工具属性栏

"修补工具"的工作原理是从其他位置获取像素值来覆盖被修补的位置。具体操作方法是：首先按住"Alt"键并单击以确定源位置，然后在需要修复的地方按住鼠标左键进行拖动，此时"修补工具"就会使用源位置的像素来覆盖目标位置。

使用Photoshop软件的内容识别功能可以智能填充选区，原理是根据选区周围的图像来填充选区。内容识别一般有两方面的应用：去除水印和填充无像素部分。

在了解"修补工具"的原理后，请尝试在Photoshop软件中，使用"修补工具"修复图像的污点。

使用"修补工具"修复图像污点的操作步骤及关键点如下。

序号	操作步骤及关键点	操作标准
1	执行菜单栏中的"文件"→"打开"命令（见图4-1-2），或者按快捷键"Ctrl+O"，打开需要修复的图像	图 4-1-2　执行"打开"命令
2	在左侧工具栏中单击修复工具组右下角的三角形标志，在弹出的下拉列表中选择"修补工具"，如图4-1-3所示	图 4-1-3　选择"修补工具"

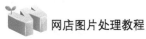

续表

序号	操作步骤及关键点	操作标准
3	在工具属性栏中（见图4-1-4），有3种不同的修补类型：标准修补、内容感知修补和内容感知移动。其中，标准修补通常用于修复较小的瑕疵，而内容感知修补和内容感知移动则适用于更复杂的修复，如删除物体或重建背景。用户可以根据不同的修复需求选择不同的修补类型	 图 4-1-4　选择修补类型
4	使用鼠标在图像上先选择一个包含瑕疵的区域，再选择一个与瑕疵相似的区域作为源区域，将该区域用于修复瑕疵，如图4-1-5所示	 图 4-1-5　选择修补区域
5	使用"修补工具"在选定的区域上单击，将鼠标指针移到需要修复的目标区域。此时，按住鼠标左键进行拖动，Photoshop软件会根据所选的修补类型智能地将源区域的内容与目标区域进行融合，修复图像中的瑕疵，如图4-1-6所示	 图 4-1-6　进行修复
6	调整结果：在进行修补后，可能需要微调修复结果。我们可以使用其他工具（如"仿制图章工具""污点修复画笔工具"等）对修复区域进行进一步的细化，如图4-1-7所示	 图 4-1-7　调整结果

续表

序号	操作步骤及关键点	操作标准
7	执行菜单栏中的"文件"→"存储"命令（见图 4-1-8），或者按快捷键"Ctrl+S"，保存图像文件	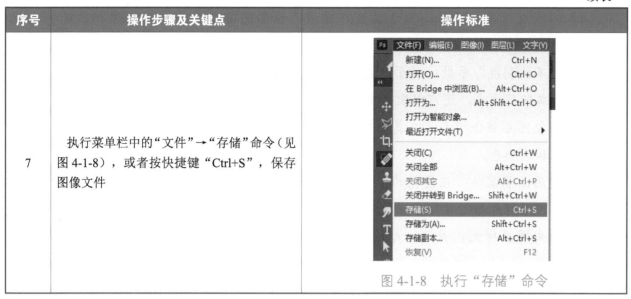 图 4-1-8　执行"存储"命令

2. 使用"仿制图章工具"修复污点

"仿制图章工具"是 Photoshop 软件中的一个实用的图像处理工具。使用该工具可以复制图像的特定区域，并将其粘贴到图像的其他位置，从而创造出类似图章的效果。这个工具既可以用于修复图像中的缺陷，又可以用于复制对象或创建重复模式等。

我们可以通过"仿制图章工具"将一个图像区域的像素内容绘制到同一图像的另一个区域中，使新绘制出来的图像区域融入整个图像的画面中，使画面更丰富且协调。如果图像中存在一些不需要的对象或人物（例如，电线、标志、某个人等），则可以使用"仿制图章工具"轻松地复制周围干净的区域来覆盖和删除这些不需要的对象，从而达到去除它们的效果。

知识链接

"仿制图章工具"的参数及效果

"仿制图章工具"在 Photoshop 软件中是一种非常实用的工具，可以用于修复、编辑和创造图像，使画面整体更加美观并富有艺术性，其工具属性栏如图 4-1-9 所示。

图 4-1-9　"仿制图章工具"的工具属性栏

其中，各项参数的作用如下。

（1）"画笔预设"按钮：用于选择"仿制图章工具"的画笔形状，调整画笔大小、硬度、圆度等。

（2）"切换画笔面板"按钮：用于打开或关闭"画笔"面板。

（3）"切换仿制源面板"按钮：用于打开或关闭"仿制源"面板。

（4）"模式"下拉按钮：用于设置在使用"仿制图章工具"修补图像时所选用的混合模式。

（5）"不透明度"参数：用于设置在使用"仿制图章工具"修补图像时的不透明度。

除了基本使用方法，还可以配合使用一些技巧来提高"仿制图章工具"的效果。

（1）调整图层混合模式：在复制的图层上尝试使用不同的图层混合模式，以获得更好的融合效果和透明感。

（2）使用图层蒙版：在复制的图层上添加图层蒙版，并使用黑白画笔来限制复制内容的可见性，可保留原始图片，方便后期调整修改。

（3）利用图层样式：应用一些图层样式（如阴影、光晕等效果），以增加复制内容的逼真感。

（4）使用"历史记录画笔工具"：如果需要对复制的内容进行撤销或更多的编辑，则可以使用"历史记录画笔工具"来恢复之前的状态或进行局部修复。

在使用"仿制图章工具"时要细心，尽量选取与目标区域相似的源区域，并注意复制的位置和效果。

在了解"仿制图章工具"后，请尝试在 Photoshop 软件中使用"仿制图章工具"修复图像的污点。

使用"仿制图章工具"修复图像污点的操作步骤及关键点如下。

序号	操作步骤及关键点	操作标准
1	打开 Photoshop 软件，并打开想要进行复制的图像，如图 4-1-10 所示	 图 4-1-10　打开图像

续表

序号	操作步骤及关键点	操作标准
2	在工具栏中选择"仿制图章工具",如图 4-1-11 所示;或者按快捷键"S",即可使用"仿制图章工具"进行操作,如图 4-1-12 所示	 图 4-1-11　选择"仿制图章工具"  图 4-1-12　使用"仿制图章工具"
3	单击"画笔预设"按钮,在"画笔预设"选项器中可以设置画笔的大小、硬度和不透明度等属性,并根据需要进行调整,如图 4-1-13 所示	 图 4-1-13　调整画笔
4	选择源区域。按住"Alt"键,并单击想要复制的区域,即可选择一个源区域,也就是想要复制的图像片段,如图 4-1-14 所示	 图 4-1-14　选择源区域

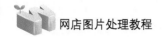

续表

序号	操作步骤及关键点	操作标准
5	开始复制。将鼠标指针移到想要复制图像的位置，并单击鼠标左键开始复制。在拖动鼠标时，会看到一个预览效果，显示复制的内容，如图 4-1-15 所示	图 4-1-15　开始复制
6	调整修复位置。如果需要，则在复制完成后，可以使用其他修复工具（如"修复画笔工具"等）对复制的内容进行微调和修复（见图 4-1-16），使其与周围的图像融合自然。调整后的整体效果，如图 4-1-17 所示	图 4-1-16　使用其他修复工具进行微调和修复 图 4-1-17　调整后的整体效果

3. 使用"污点修复画笔工具"修复污点

　　Photoshop 软件中的"污点修复画笔工具"是一种非常实用的工具，可用于修复图像中的小面积瑕疵和污点。例如，当照片中存在灰尘、污水、指纹或其他小杂质时，使用"污点修复画笔工具"可以轻松消除这些不理想的部分。

　　与"仿制图章工具"相比，"污点修复画笔工具"更加智能化。在使用"污点修复画笔工具"时，用户不需要定义原点，只需确定要修复的图像位置，调整好画笔大小，按住鼠标左键进行拖动，即可自动匹配需要修复的位置进行修复，非常方便快捷。

 知识链接

"污点修复画笔工具"的注意事项

　　在使用"污点修复画笔工具"时，需要注意以下几点：首先，为了保护原始图像，需要在修复前创建一个修补层，这样即使在修复过程中出现错误，也可以随时修改或撤销操作，

而不会对原始图像造成永久性的影响；其次，选择合适的源和目标位置是修复的关键步骤，并且源和目标位置应该具有相似的颜色和纹理，以确保修复效果看起来自然，没有突兀的感觉；最后，根据需要确定修复的区域和方式，细心地调整工具的设置和参数，以达到最好的修复效果。

打开 Photoshop 软件后，在左侧的工具栏中选择"污点修复画笔工具"，并在其工具属性栏中调整画笔的大小、硬度、间距和角度等参数，如图 4-1-18 所示。

图 4-1-18　"污点修复画笔工具"的工具属性栏

在使用"污点修复画笔工具"的情况下，可以在上方的"画笔"选取器中设置工具的参数。其中，最常用的参数包括"大小"、"硬度"和"间距"。其中，"大小"和"硬度"比较好理解，"间距"是指修复笔触之间的距离，如果设置过小，则会导致修复结果过于细腻。在图像修复的过程中，我们需要不断尝试调整至合适大小，以达到最佳的修复效果。

在了解"污点修复画笔工具"后，需要掌握使用"污点修复画笔工具"去除图像污点的方法。使用"污点修复画笔工具"去除图像污点的操作步骤及关键点如下。

序号	操作步骤及关键点	操作标准
1	在 Photoshop 软件中打开需要修复的图像。我们可以通过执行"文件"→"打开"命令，或者按快捷键"Ctrl+O"来打开图像，如图 4-1-19 所示	图 4-1-19　打开图像
2	在工具栏中找到并选择"污点修复画笔工具"，如图 4-1-20 所示。该工具位于修复工具组中，与"修复画笔工具"相邻	图 4-1-20　选择"污点修复画笔工具"

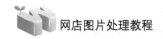

续表

序号	操作步骤及关键点	操作标准
3	在"画笔"选取器中，我们可以通过调整画笔大小的值来改变笔刷的大小，如图 4-1-21 所示。根据需要，调整画笔大小，以适应要修复的瑕疵的大小	 图 4-1-21　调整画笔大小
4	完成修复后，保存图像。我们可以执行"文件"→"存储"或"存储为"命令来保存修复后的图像，如图 4-1-22 所示	图 4-1-22　保存图像

4. 使用"修复画笔工具"修复污点

Photoshop 软件中的"修复画笔工具"是一种非常实用的工具，用于修复图像中的瑕疵、划痕和其他不理想的区域。该工具能够根据周围的图像内容进行智能修复，使修复的区域与周围的图像完美融合。"修复画笔工具"可以用于处理各种图片问题，如感光点、曝光不均匀，以及背景上的噪点等。此外，"修复画笔工具"还可以用来修复人像照片中的皮肤瑕疵，如痘痘、斑点或皱纹等。使用"修复画笔工具"首选选择一个平滑的源区域，然后在瑕疵上单击，即可自动修复瑕疵，使皮肤看起来更加平滑无瑕。

图片污点修复方法

 知识链接

"修复画笔工具"的认识

"修复画笔工具"是一种用于修复图像中的污点、瑕疵等问题的工具，可以通过识别周

围像素的内容来自动匹配和修复污点或瑕疵，其工具属性栏如图 4-1-23 所示。这种工具通常不需要用户进行烦琐的操作，只需选择污点或瑕疵的区域并单击，即可自动进行修复。该工具通常用于图像的修复和美化，以便去除图像中的瑕疵和干扰物体。修复工具组包括"修复画笔工具""修补工具""内容感知移动工具"等，这些工具各有特点，可以根据不同的修复需求进行选择。

图 4-1-23　"修复画笔工具"的工具属性栏

在使用"修复画笔工具"时要注意以下几点。

（1）在工具栏中选择"修复画笔工具"，如果找不到"修复画笔工具"，则长按修复工具组以显示其他相关工具，并选择"修复画笔工具"。

（2）在"修复画笔工具"的工具属性栏中，可以打开"画笔"选取器，设置画笔参数，也可以设置"模式"、"源"、"对齐"、"样本"和"扩散"参数。

（3）将鼠标指针置于图像的某个区域上，按住"Alt"键并单击，即可设置源取样区域。

（4）在"修复画笔工具"的工具属性栏中，单击"切换仿制源面板"按钮，打开"仿制源"面板，以便选择所需的样本源。

（5）在图像中按住鼠标左键进行拖动，每次释放鼠标左键时，取样的像素都会与现有像素混合。

在了解"修复画笔工具"后，请尝试在 Photoshop 软件中，使用"修复画笔工具"去除图像的污点。

使用"修复画笔工具"去除图像污点的操作步骤及关键点如下。

序号	操作步骤及关键点	操作标准
1	在 Photoshop 软件中，打开需要修复的图像。我们可以通过执行"文件"→"打开"命令，或者按快捷键"Ctrl+O"来打开图像，如图 4-1-24 所示	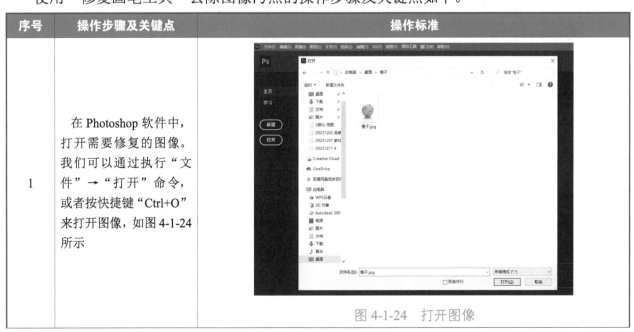 图 4-1-24　打开图像

序号	操作步骤及关键点	操作标准
2	在工具栏中找到并选择"修复画笔工具"，如图 4-1-25 所示。在修复工具组中它通常与"污点修复画笔工具"和"修补工具"相邻	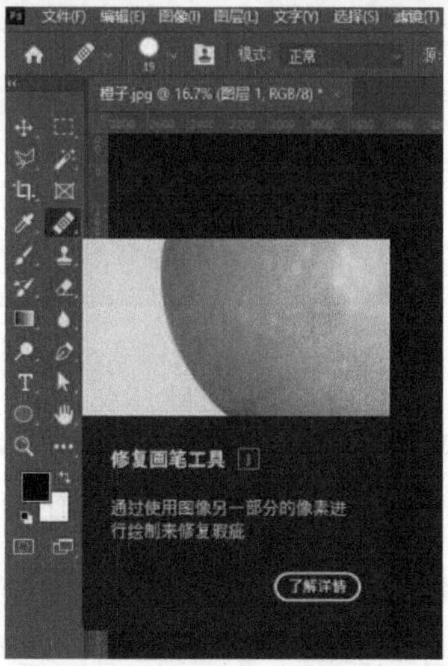 图 4-1-25　选择"修复画笔工具"
3	在工具属性栏中打开"画笔"选取器，通过调整画笔大小的值来改变笔刷的大小。我们可以根据需要，调整画笔大小以适应要修复区域的大小，如图 4-1-26 所示	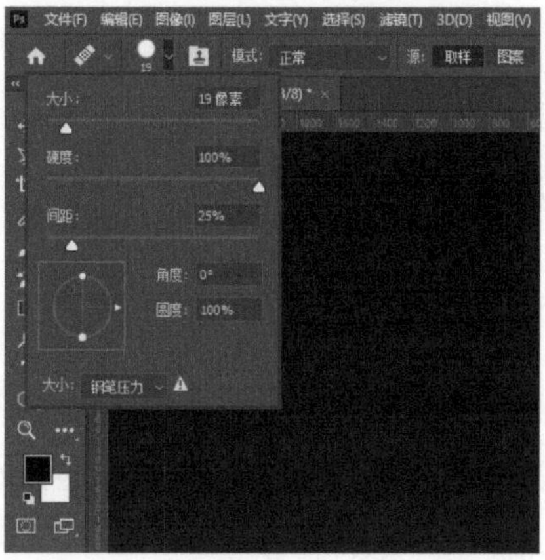 图 4-1-26　调整画笔大小
4	在工具属性栏中，可以选择不同的修复模式，在默认情况下，建议选择"正常"模式，因为该模式会根据周围的图像内容自动修复瑕疵，如图 4-1-27 所示	 图 4-1-27　选择修复模式
5	在默认情况下，将"源"设置为"取样"，按住"Alt"键并单击要用作源区域的干净区域，即可选择一个源区域，其中的纹理和色彩将被用于修复瑕疵，如图 4-1-28 所示	 图 4-1-28　选择源区域

序号	操作步骤及关键点	操作标准
6	将鼠标指针移到需要修复的瑕疵区域上，并单击鼠标左键开始修复。当按住鼠标左键进行拖动时，"修复画笔工具"会根据源区域的纹理和色彩信息来智能修复瑕疵，如图4-1-29所示	 图4-1-29　修复瑕疵
7	如果需要调整和重复修复，则可以调整画笔大小，或者多次在瑕疵区域上单击和按住鼠标左键进行拖动，直到对修复的结果满意。根据需要，我们可以选择不同的源区域进行修复，如图4-1-30所示	 图4-1-30　调整和重复修复
8	完成修复后，保存图像。我们可以执行"文件"→"存储"或"存储为"命令来保存修复后的图像，如图4-1-31所示	 图4-1-31　保存修复后的图像

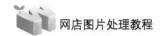

使用"修复画笔工具"在修复小面积瑕疵和问题方面非常有效。选择一个与原始图像纹理匹配的源区域,并使用"修复画笔工具"在划痕上单击或按住鼠标左键进行拖动,可以智能地修复划痕,让图像恢复原本的无划痕状态。然而,对于较大的瑕疵或复杂的修复工作,我们可能需要结合其他修复工具(如"仿制图章工具"、"污点修复画笔工具"或"修补工具"等)和技术,以获得更好的修复结果。

 **任务评价**

请围绕评价内容,根据实践活动过程及活动实践结果的记录,进行学生自评与教师点评。并填写表 4-1-1。

表 4-1-1　修复图片污点评价表

	评价内容	分值	评价	
			学生自评	教师点评
任务 4.1	理解"修补工具"的原理和污点修复方法,能根据图片情况和修图要求设置合适的"修复工具"	20 分		
	掌握"仿制图章工具"的使用方法,能使用"仿制图章工具"修复两张污点图片,使其与商品实物相符	30 分		
	掌握"污点修复画笔工具"的使用方法,能使用"污点修复画笔工具"精确修复图像,为后续的图像处理打下基础	30 分		
	熟悉"修复画笔工具"的操作要领,能使用该工具对两张商品图片进行污点修复	20 分		

 任务拓展

电商在提高茶叶商品品质的同时,还要注重电商界面中用户的视觉体验,美化宣传图片,让用户在浏览店铺页面时有更加舒适的感官体验,如身临其境坐在环境优雅的茶馆品茶一般。因此,网店经营者需要提供更真实、吸引人的商品图片,以增强消费者的购买欲望和信任感。请使用 Photoshop 软件,根据本任务所学的修复方法,对带有污点的图片进行修复。

具体要求如下。

(1)使用"修补工具"对文件一(见图 4-1-32)茶杯上的污点进行美化,完成后保存 PSD 源文件,并导出 JPG 图片。

(2)使用"仿制图章工具"对文件二(见图 4-1-33)茶杯上的污点进行美化,完成后保存 PSD 源文件,并导出 JPG 图片。

(3)使用"污点修复画笔工具"对文件三(见图 4-1-34)茶水中的污渍进行美化,完成后保存 PSD 源文件，并导出 JPG 图片。

（4）将这 3 张图片的操作步骤记录下来，同时将修复后的图片与原图进行对比，并做好总结。

图像文件	图片详情
文件一	图 4-1-32　茶杯素材
文件二	图 4-1-33　空茶杯素材
文件三	图 4-1-34　插画茶杯素材

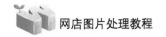

 任务 4.2　修复图像轮廓

任务目标

- 知识目标：（1）理解图层混合模式的原理。
  - （2）掌握图像轮廓的修复方法。
  - （3）掌握"涂抹工具""液化工具"的操作要点和使用方法。
- 能力目标：（1）能够熟练使用修复图像轮廓的各种工具。
  - （2）能够灵活使用"涂抹工具"修复图像轮廓。
  - （3）能够熟练使用"液化工具"对图像进行美化。
- 素质目标：培养观察能力和动手能力，提高审美水平和解决问题的能力。

 任务实践

在商品拍摄过程中，由于相机抖动、对焦不准、光线不足或物体移动等原因，图像轮廓可能会出现模糊、断裂、有槽点或锯齿等问题，会严重影响图像的整体质量和观感。为了解决这些问题，需要对图像轮廓进行修复。不同的图像轮廓问题需要选择不同的修复工具，以获得最佳的修复效果。

1. 了解图层混合模式的原理

图层混合模式是一种将不同图层按照特定算法进行混合的技术。通过这种技术，我们可以在不进行抠图操作的情况下，将两张或多张照片直接混合在一起，生成一幅全新的作品。请阅读知识链接，了解图层混合模式的原理。

 知识链接

图层混合模式的原理

从感知角度上来说，在微观上，图层混合模式的混合原理是将两个像素混合，产生变暗或变亮的效果；在宏观上，图层混合模式的混合原理是保留图像本身的纹理样式，通过改变对比度来实现图像的变亮或变暗。

从软件操作角度出发，图层混合模式的效果是基于相应的计算公式实

图层混合模式
的原理

现的。为了真正理解"图层混合模式"的算法和规则，需要深入了解黑色（0）、白色（255）和中性灰（128）之间的明度关系，如图 4-2-1 所示。

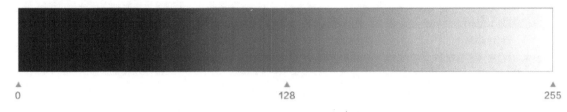

图 4-2-1　明度关系

　　将光的三原色，即红光、绿光和蓝光混合在一起会产生白色光（见图 4-2-2 左图）。这种通过叠加颜色来增加亮度的混合模式被称为加色混合模式。在 Photoshop 软件中，"滤色"混合模式的操作原理也是如此。将青色、洋红、黄色混合在一起会得到黑色（见图 4-2-2 右图）。这种通过叠加颜色来降低亮度的混合模式被称为减色混合模式，其效果与 Photoshop 软件中的"正片叠底"混合模式效果相同。

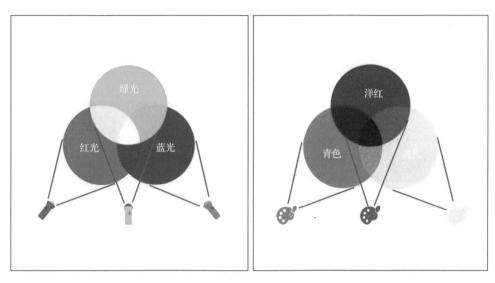

图 4-2-2　三原色的混合

　　图像的色调与图层混合模式（见图 4-2-3）的算法密切相关。图层混合模式的算法比较简单，并且在操作前有一定的预判性。然而，在实际应用中可能会出现一些不可预见的情况。通过图层混合模式可以产生丰富多样的效果，因此在具体操作之前，能够大体预估混合后的效果，并充分理解不同明暗效果之间的细微差别是至关重要的。

图 4-2-3　图层混合模式效果图

要理解图层混合模式的算法，首先需要了解基色、混合色和结果色这三个概念（见图 4-2-4），具体如下。

基色：原始图像的颜色，可以是单层或多层混合的图像颜色。

混合色：基色上一层的颜色，用于与基色混合。

结果色：基色和混合色通过某种混合模式进行混合得到的颜色，是一种临时的颜色，会随着基色和混合色的改变而改变。

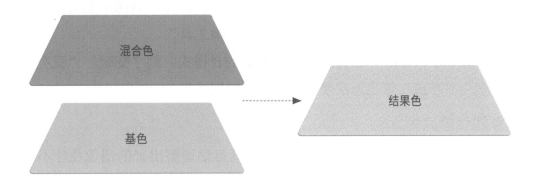

图 4-2-4 由混合色与基色到结果色

在实际工作中，图层混合模式经常用于制作纹理贴图，或者作为调色技巧的辅助手段。想要完全掌握它的使用技巧与规律，需要理性理解与感性认知相结合，并不断扩大眼界与提高审美能力。

在 Photoshop 软件中，图层混合模式被大体分为了 6 类，包括基本模式组、变暗模式组、变亮模式组、叠加模式组、差集模式组和颜色模式组，如图 4-2-5 所示。

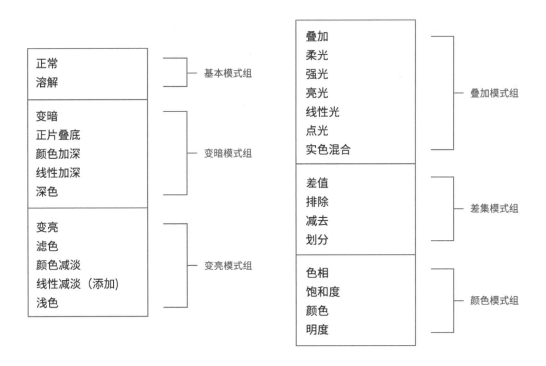

图 4-2-5 图层混合模式的分类

在日常工作中，常用的图层混合模式有"正常"、"正片叠底"、"滤色"和"叠加"4种。当然，这并不是说其他混合模式不重要，只是相对来说，这 4 种图层混合模式在使用过程中具有相对柔和可预测的效果。掌握了这 4 种图层混合模式之后，再使用其他的图层混合

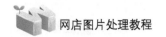
模式，可大大增强操作的预判性。

除了先前提及的图层混合模式，在"画笔工具"中还存在着其他可用的混合模式，即"背后"和"清除"。其中"背后"模式只能在空白区域进行涂抹，确保不会对图层上的主体造成任何破坏或影响，而"清除"模式则类似于"橡皮擦工具"。

除此之外，如果是在 Lab 颜色模式下使用图层混合模式，则"变暗""变亮""颜色减淡""颜色加深""差值"等是无法使用的，需要特别注意。

2. 修复图像轮廓的方法

一般来说，使用 Photoshop 软件的普通抠图工具自动调整出来的图像往往不够精细，需要后期进行一些操作来完善。其中，对抠图的边缘进行调整是一个常见步骤。请阅读知识链接，了解修复图像轮廓的方法。

 知识链接

图像轮廓的
修复方法

图像轮廓的修复方法

1）使用"修复画笔工具"

"修复画笔工具"不仅可以用于修复污点，还可以用于修复轮廓上不完整的部分或破损的区域。如果使用"修复画笔工具"的默认设置没有达到预期的效果，则可以尝试调整刷子的硬度和模式。在修复的过程中，应采用单击或按住鼠标左键进行小幅度拖动的方式，避免在图像上留下明显的修复痕迹。

2）使用"仿制图章工具"

"仿制图章工具"可以用于修复轮廓上缺失的部分或破损的区域。在使用时，选择合适的样本区域非常重要，样本区域应与需要修复的轮廓的完整部分相匹配，这样才能让修复效果达到自然融合的程度。为避免明显的重复，应选择不同的样本区域。

3）使用"路径选择工具"和"钢笔工具"

对于复杂的轮廓修复，"路径选择工具"和"钢笔工具"是极为有用的选择。我们可以通过添加或修改路径的关键点来精确控制轮廓的修复。当使用"路径选择工具"或"钢笔工具"创建复杂的曲线轮廓时，可以使用贝塞尔曲线的相关技巧，如使用曲线手柄来调整曲线的形状，以实现更精准的轮廓修复。

4）使用"内容感知移动工具"

如果轮廓上有较大的缺失部分，则可以尝试使用"内容感知移动工具"来修复轮廓。在使用时，要注意调整"内容感知移动工具"的设置，如填充区域大小或样本源选项，以获得最佳的修复效果。对于复杂的轮廓修复，可能需要多次使用"内容感知移动工具"来逐渐修复轮廓。

3. 使用"涂抹工具"修复图像轮廓

"涂抹工具"是一种用于模糊、抹平和混合图像颜色的工具，能够模拟真实的画笔或指尖在画布上涂抹的效果。"涂抹工具"有多种不同的配置，包括笔刷形状、硬度等参数，可以根据需要进行调整。

"涂抹工具"可用于对图像的特定部分进行模糊处理，使其失去细节和清晰度，从而达到柔化图像边缘、减少皮肤瑕疵或创建艺术效果的目的。使用"涂抹工具"还可以将不同颜色混合在一起，形成平滑渐变的效果，使过渡更加自然。

"涂抹工具"在纠正图像缺陷和改善细节方面具有非常实用的价值。例如，我们可以使用"涂抹工具"修复皱纹或修正头发的不连贯区域。此外，还可以使用"涂抹工具"创造各种独特的艺术效果，通过涂抹和混合不同的图像元素，可以营造出模糊的、水彩的或印象派的效果，让图像呈现出不同的艺术风格和表现形式。

知识链接

"涂抹工具"的使用

"涂抹工具"是图像处理中不可或缺的工具之一。通过选择不同的混合模式（如"正常""叠加"等），可以调整涂抹颜色与原图像的融合方式，从而影响整体视觉效果。这些混合模式为"涂抹工具"带来了多种变化的可能性，能够满足不同的创作需求。

除了选择混合模式，"涂抹工具"的参数调整也是关键。这些参数包括笔刷、大小、硬度和强度等，能够进一步控制"涂抹工具"的应用效果。通过调整这些参数，我们可以实现更加细致地控制和调整，使画面颜色过渡更加柔和自然，提高整体画面的精细程度。

"涂抹工具"在图像处理中有广泛的应用场景。模糊图像边缘、创建艺术效果，以及修复图像缺陷等任务都可以依靠"涂抹工具"来完成。它不仅适用于日常的图像修饰工作，还在数字绘画和艺术创作中发挥巨大作用。

在了解"涂抹工具"后，请尝试在 Photoshop 软件中，使用"涂抹工具"修复图像的轮廓。使用"涂抹工具"修复图像轮廓的操作步骤及关键点如下。

序号	操作步骤及关键点	操作标准
1	打开 Photoshop 软件并导入需要编辑的图像，如图 4-2-6 所示	图 4-2-6　打开 Photoshop 软件并导入图像
2	选择"涂抹工具"，如图 4-2-7 所示。在工具栏中，"涂抹工具"通常以一个手指图标表示。如果看不到"涂抹工具"，则可以长按同一工具组中的相关工具的按钮，在下拉列表中选择它，如图 4-2-8 所示	图 4-2-7　选择"涂抹工具"（1） 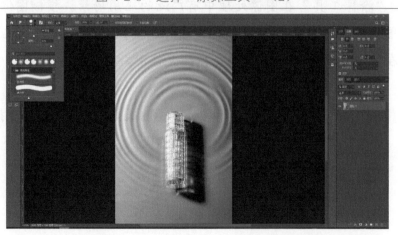图 4-2-8　选择"涂抹工具"（2）
3	在顶部的工具属性栏中，打开"画笔预设"选项器，可以选择笔刷形状，设置"大小"和"硬度"等参数。除此之外，在工具属性栏中还可以设置"模式""强度"等参数。这些参数决定了"涂抹工具"的外观和效果，如图 4-2-9 所示	图 4-2-9　设置"涂抹工具"的参数

续表

序号	操作步骤及关键点	操作标准
4	在图像上使用"涂抹工具"。将鼠标指针移到想要涂抹的区域上，按住鼠标左键进行拖动，即可使用"涂抹工具"开始模糊、抹平或混合图像的颜色，如图4-2-10所示。根据需要，我们可以多次重复使用"涂抹工具"，直到达到想要的效果	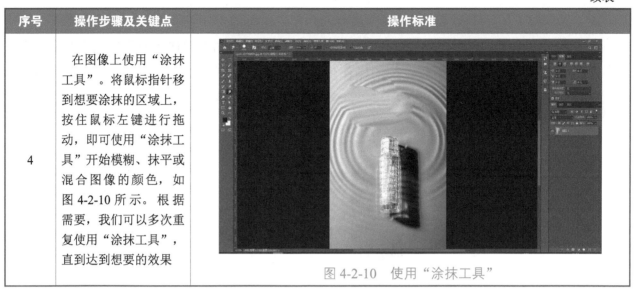 图 4-2-10　使用"涂抹工具"

4. 使用"液化工具"修复图像轮廓

"液化工具"在 Photoshop 软件中具有广泛的应用场景。"液化工具"通过形态变换、扭曲、拉伸和推动等操作，能够对图像中的对象、人物或背景进行调整。

"液化工具"可以用于人物形象的修饰和美化，无论是细微的面部特征调整（如眼睛、嘴巴、鼻子等），还是整体形象的艺术化，"液化工具"都能轻松胜任。它还可以应用于物体形态调整。例如，我们可以通过该工具拉伸、收缩、旋转或扭曲特定部分的图像或物体，使其符合设计要求。同时，"液化工具"的扭曲和变形功能还能为图像增添独特的艺术风格和特殊效果。例如，通过添加扭曲效果，可以使图像呈现出液体流动的视觉效果，为图像增添动感和生命力。

知识链接

"液化工具"的作用及注意事项

"液化工具"在各种应用中都发挥着重要作用，如修饰人物形象，调整物体形态，扭曲背景等。使用"液化工具"可以增强图像的艺术感和表现力，实现抽象派或印象派风格的绘画效果。如果需要将一个物体或人物从原始图像中提取出来，并合成到新的背景中，则可以使用"液化工具"进行边缘校正和形态调整，以更好地适应新的背景。

在使用"液化工具"时，需要注意保持图像的真实度和比例，以免过度处理导致失真或比例失调。为了确保原始图像的完整性和处理的灵活性，建议在编辑过程中创建备份图层或使用非破坏性编辑，以便在不破坏原始图像的情况下随时撤销或修改液化效果。

总之，"液化工具"是 Photoshop 软件中一个强大的工具。通过谨慎处理和灵活使用"液

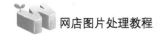

化工具"，可以实现各种特殊和艺术效果，将图像转化为具有艺术价值的作品。

在了解"液化工具"后，请尝试在Photoshop软件中，使用"液化工具"修复图像的轮廓。使用"液化工具"修复图像轮廓的操作步骤及关键点如下。

序号	操作步骤及关键点	操作标准
1	打开Photoshop软件并导入需要编辑的图像，如图4-2-11所示	图4-2-11　打开Photoshop软件并导入图像
2	在菜单栏中执行"滤镜"→"液化"命令，如图4-2-12所示	图4-2-12　执行"液化"命令
3	在打开的"液化"窗口中，会看到一张正在编辑的图像，并有一系列工具和选项可以使用，如图4-2-13所示	图4-2-13　"液化"窗口

续表

序号	操作步骤及关键点	操作标准
4	在左侧的工具栏中，可以选择不同的工具，如"推动工具""收缩工具""膨胀工具""旋转工具"等。每个工具都有特定的功能和效果，如图4-2-14所示	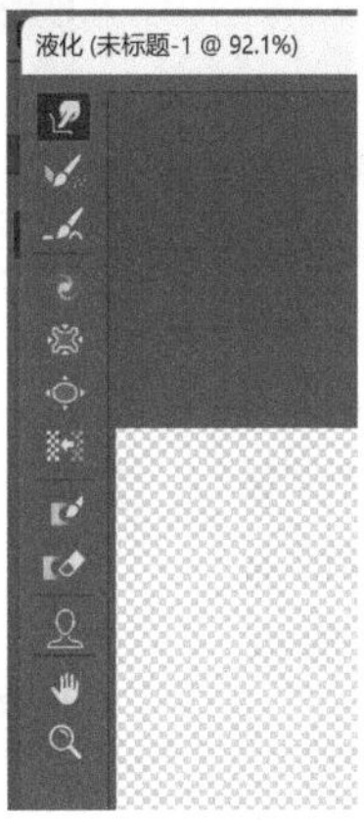 图 4-2-14　选择工具
5	调整工具选项。在右侧"属性"面板中，可以设置"画笔工具选项"选区中的参数，如"大小"、"密度"、"压力"和"速率"等。这些参数决定了工具的强度和笔触的特性，如图4-2-15所示	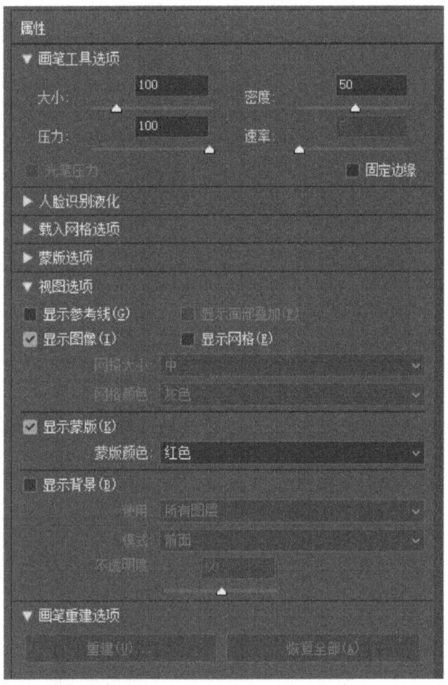 图 4-2-15　设置适合的参数
6	选择一个工具，并在图像上进行操作。使用"推动工具"在图像上进行扭曲、拉伸、推动或变形等操作，从而使图像根据操作而发生变化，如图4-2-16所示	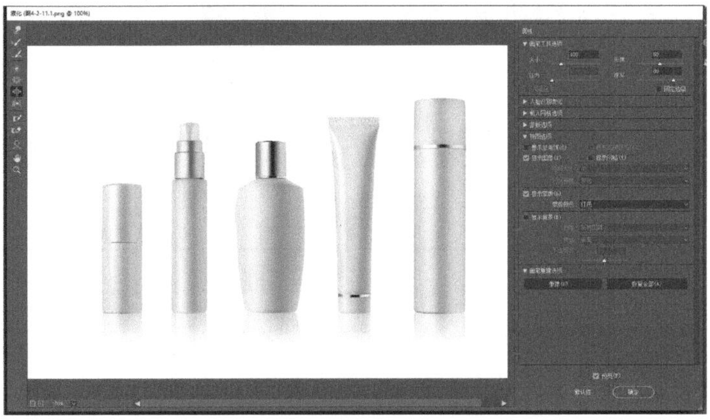 图 4-2-16　操作图像

序号	操作步骤及关键点	操作标准
7	要在液化过程中精确调整，可以使用"前景和背景工具"。其中，使用"前景工具"可以将图像向内或向外推动，使用"背景工具"可以恢复图像的原始形状，如图4-2-17所示	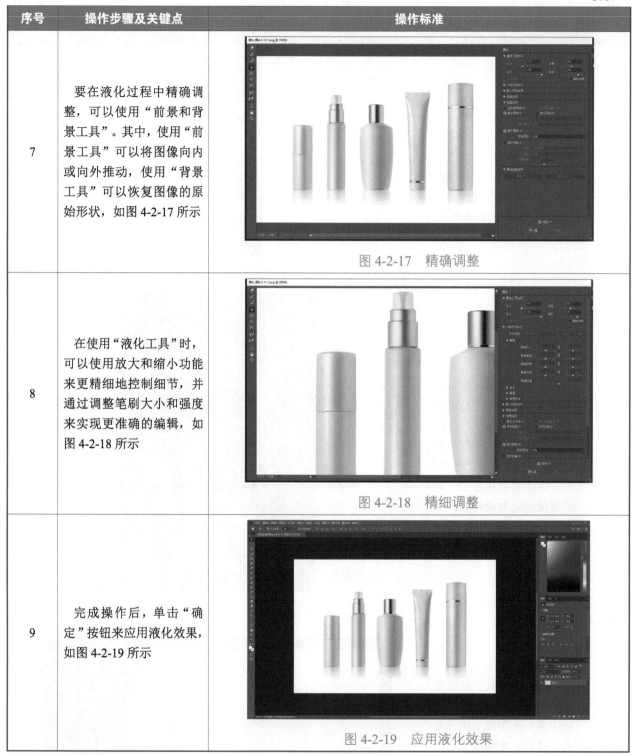图 4-2-17　精确调整
8	在使用"液化工具"时，可以使用放大和缩小功能来更精细地控制细节，并通过调整笔刷大小和强度来实现更准确的编辑，如图4-2-18所示	图 4-2-18　精细调整
9	完成操作后，单击"确定"按钮来应用液化效果，如图4-2-19所示	图 4-2-19　应用液化效果

 任务评价

　　请围绕评价内容，根据实践活动过程及活动实践结果的记录，进行学生自评与教师点评，并填写表4-2-1。

表 4-2-1　修复图像轮廓评价表

评价内容		分值	评价	
			学生自评	教师点评
任务 4.2	理解图层混合模式的原理，能根据照片情况及修图要求使用不同的混合模式修复图片	20 分		
	根据图片情况和修图要求，至少使用 2 种修图工具修复图像轮廓	30 分		
	掌握"涂抹工具"的操作要点，能够使用"涂抹工具"修复 2 张商品图片的图像轮廓，使其与商品实物相符	20 分		
	掌握"液化工具"的使用方法，能够使用"液化工具"修复 2 张商品图片的图像轮廓	30 分		

 任务拓展

　　随着茶叶市场规模的不断扩大，茶叶行业的品牌数量众多，竞争异常激烈。众多传统茶企和新兴茶企都纷纷利用互联网和电商平台寻求突破。在众多宣传图中，如何利用电商平台迅速抓住目标客户和潜在消费者的目光显得尤为重要。通过对图像轮廓的修复，不仅可以使图片更加立体，还可以直观地改变图片的清晰度，从而达到美化图片的目的。根据本任务所学的方法对下图的图像轮廓进行修复。

　　具体要求如下。

　　（1）请将文件（见图4-2-20）在 Photoshop 软件中打开，使用"涂抹工具"修复茶叶包装细节，保存 PSD 源文件，并导出 JPEG 格式图片。

　　（2）请将文件在 Photoshop 软件中打开，使用"涂抹工具"修复茶叶包装的图像轮廓，保存 PSD 源文件，并导出 JPEG 格式图片。

　　（3）将修复后的 2 张图片与原图进行对比，并做好总结，多加练习。

图像文件	图片详情
文件	图 4-2-20　九曲红梅图

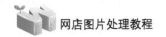

任务 4.3　精修商品图片

 任务目标

- 知识目标：（1）了解商品图片精修的原理。
  - （2）掌握商品图片精修的方法。
  - （3）掌握"画笔工具"、"橡皮擦工具"、减淡工具组（"减淡工具""加深工具""海绵工具"）、图层混合模式的操作要领和使用方法。
- 能力目标：（1）能够根据商品图片特征，灵活地使用合适的工具精修图片。
  - （2）能够根据商品结构，综合使用图片精修工具，精修商品图片。
- 素质目标：（1）培养实践精神及对细节的敏锐性。
  - （2）培养自我学习的习惯和持续改进的态度。

 任务实践

在网店经营过程中，图片扮演着至关重要的角色。图片贯穿于网店的各个页面（首页、商品详情页、活动页等），深深影响着用户的浏览体验。为了更好地展示商品，商品图片在试用前往往需要进行精修。图片的精修需要借助一定的工具，如"画笔工具""橡皮擦工具"，以及减淡工具组中的工具等。通过去除瑕疵、突出商品主体、进行个性化设计和提高视觉效果等方面的优化，可以提升商品的品质感和吸引力，从而促进销售和提高利润。

1.　了解商品精修的思路

广告中的商品往往展现出诱人的面貌，但是当收到实际商品时，却发现它们与广告中的表现有着较大的差异。尤其在食品广告中，常常可以看到以实物为准的标识。这是因为商品在拍摄过程中会受到光线、环境、相机等因素的影响，导致拍出的商品图片与实际商品有些许差异。这时需要对商品图片进行精修。图片精修不是造假，而是在原图的基础上对商品的光影、色彩锦上添花，从而提升商品图片的格调，增强商业海报的辨识度，让商品更有画面感。

 知识链接

图片的优化

精修商品图片主要是从七个方面来对原图片进行优化，即轮廓、纯净度、体积感、光照、清晰度、材质及颜色。

1）优化轮廓

轮廓在塑造形象和美感方面具有重要的地位。有时，商品本身的轮廓可能并不完美，如一个形状略微扭曲的苹果；有时，商品的拍摄角度可能会影响物体轮廓的美感。因此，在进行图片精修时，首要的任务就是优化主体的轮廓。

商品图片精修
的原理

2）优化纯净度

优化纯净度是指通过去除图像中的杂质来提高图像的清晰度和纯度。在人物照片的美化过程中，经常需要去除脸上的青春痘或痣等。商品同样，商品图片中也存在类似的问题，可能是商品本身存在瑕疵、轻微的磨损，或者是没有擦拭干净等细节问题，这些问题在镜头下会被放大，如果处理不当就会影响消费者对商品的感知。

3）优化体积感

由于光线不足或打光不当等问题，很多物体原本的体积感会被弱化。比如，球形物体可能看起来没有预期的圆润感，人脸可能看起来过于平坦，缺乏立体感。缺乏体积感的图片可能会显得缺乏质感和深度，对于结构复杂的物体，甚至可能导致难以理解其结构。因此，优化物体的体积感是图片精修过程中的重要步骤。

三维的物体呈现在二维空间上之所以还会有立体感，除了造型上有明显的透视变化，光照在物体上产生的五大调子也是主要原因。五大调子，即亮面（含高光）、灰面、明暗交界线、暗面和反光。每一个可见的三维物体都会有这五大调子，只是因为光源太弱或太散的原因，从而导致其并不明显。因此，设计师在精修时需要更加清晰、明确地表现出这五大调子，以增强物体的体积感和结构清晰度。

4）优化光照

专业摄影师在摄影棚中拍摄的照片通常具有较好的光线和亮度。然而，许多小品牌由于资金限制，往往需要自行拍摄，这时由于缺乏专业的打光设备，因此很容易造成光线太暗、太亮、太散、光源不足等问题，需要设计师通过后期修图来解决。

如果光线的亮度和暗度稍有偏差，则可以通过"曲线"命令和"色阶"命令轻松调整。然而，如果光线过亮或过暗，则无法直接通过命令进行修复，如果通过其他方式调整也无法修复，则需要考虑重新拍摄。在重新拍摄时，建议使用反射板、柔光器等简单的打光设备来调整物体的明暗度和质感，以获得更佳的拍摄效果。

5）优化清晰度

清晰度不足通常是因为相机的配置不够高，或者对焦不准导致的。这样的图片会给人一种模糊、蒙雾的感觉，降低了商品的品质感。为了优化图片的清晰度，首先需要了解决定清晰度的两个因素：结构和纹理。其中，结构的优化可以通过强化边缘、增强对比度等方式来实现，而纹理的优化可以通过锐化图像等方式，使纹理更加突出和清晰。

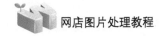
6）优化材质

材质跟材料差不多，不同的物体具有不同的材质，如水材质、木材质、土材质、玻璃材质、石材质、金属材质、棉布材质、丝绸材质、塑料材质等。加强物体的材质属性，使消费者一眼就能看出图片中物体的材质，也是精修图片非常重要的工作。

7）优化颜色

每件物品都有固有色，即它原本的色彩，但是在被拍成影像作品后，由于受光照、拍摄设备，以及环境色等因素的影响，照片中物体的颜色可能会与实际颜色存在较大的差异，这也就是人们通常所说的色差。色差比较大时，需要把图片的颜色调回原来的样子，以便消费者能看到其真实的颜色。

2. 精修商品图片的方法

精修商品图片主要有以下6种方法，分别为色彩调整、磨皮和美白、去除背景、尺寸和比例调整、锐化和细节增强、添加特效和调色。

操作要领

商品图片的精修方法

商品图片的
精修方法

1）色彩调整

首先使用"色阶"命令或"曲线"命令调整图像的色彩和对比度，使其更鲜明生动；然后调整饱和度以增加或减少图像的色彩饱和度；最后使用"色相/饱和度"命令调整特定颜色的饱和度或色调。

2）磨皮和美白

首先使用"仿制图章工具"或"修复画笔工具"去除瑕疵、皱纹或皮肤不均匀的部分；然后对于商品图片中的物体，使用"选择工具"和"修补工具"来清除灰尘、划痕或其他杂质；最后使用"柔化皮肤滤镜"或"磨皮工具"来平滑或磨平人物肌肤或物品表面。

3）去除背景

首先使用抠图工具（如"套索工具""快速选择工具"等）将商品从背景中分离出来，并将其放置在适当的背景上；然后使用图层遮罩或图像掩模（也被称为蒙版）进行精确的边缘细节调整。

4）尺寸和比例调整

首先使用"图像大小"命令调整商品图片的尺寸，以适应不同的平台或用途；然后使用"自由变换"命令调整商品的比例、旋转或变形。

5）锐化和细节增强

首先使用"锐化工具"，或者执行菜单栏中的"滤镜"→"锐化"→"锐化"或"智能锐化"命令,以增强图像的细节和清晰度;然后使用"高光/阴影"命令调整图像的亮度和阴影,以突出细节和扩大图像的动态范围。

6)添加特效和调色

首先为图层样式添加阴影、光晕、边框等效果,以增强商品的立体感和吸引力;然后执行"图像"→"调整"→"渐变映射"命令调整图像的整体色调和风格。

以上是一些常用的商品图片的精修方法,我们可以根据具体的需求和效果要求进行调整和组合使用。在进行精修前需要保存原始文件的备份,以防出现意外或需要回溯到原始状态。此外,熟悉 Photoshop 软件的工具和技巧,并不断地尝试和练习,有助于提高精修效果和效率。

商品图片的精修并非造假,而是在原图的基础上进行优化和提升。由于前期拍摄过程中可能受到灯光、环境、相机等多种因素的影响,商品在明暗、色彩等方面可能存在瑕疵,因此后期修图是必要的。优化细节是修图的关键要素,在精修商品图片时应该对细节进行全面打磨,确保呈现出的商品形象更加真实、生动,以便为消费者带来更好的购物体验。

3. 认识矢量蒙版和剪贴蒙版

矢量蒙版和剪贴蒙版是 Photoshop 软件中图像精修的重要工具。使用矢量蒙版和剪贴蒙版可以对图像进行更精确地选择和编辑,实现局部调整,或者将图像与其他图层进行组合。在图片精修的过程中,它们主要有以下作用。

(1)精确选择:使用矢量蒙版或剪贴蒙版可以精确选择和定义图像的特定区域,从而进行特定区域的编辑,而不会影响到其他部分。这样可以更加准确地控制修饰效果的范围。

(2)局部调整:使用矢量蒙版和剪贴蒙版可以对图像进行局部调整。我们可以使用各种工具和功能(如涂抹、刷子、梯度等)来改变选中区域的亮度、对比度、色彩或其他属性,以达到想要的修饰效果。

(3)图层组合:使用剪贴蒙版可以将上方的图层与下方的图层进行组合。通过将上方图层的图像裁剪到下方图层的形状中,可以创建出有趣的图层叠加效果,使图像看起来更加立体和丰富。

(4)精细编辑:矢量蒙版和剪贴蒙版基于矢量路径或图层关系,可以随时进行编辑和调整。通过修改路径的形状、位置和属性,或者调整上方图层的位置和属性,可以更精细地控制修饰效果。

 知识链接

蒙版与商品细节修图技巧

1)矢量蒙版

矢量蒙版也被称为路径蒙版,是配合路径一起使用的蒙版。路径覆盖的区域为图像显

示区域，路径以外的图像会被隐藏。它的特点是，通过修改路径来调整蒙版的形状，如图 4-3-1所示。

图 4-3-1　矢量蒙版和剪贴蒙版

2）剪贴蒙版

剪贴蒙版是通过使用处于下方图层的形状来限制上方图层的显示区域状态，从而达到一种剪贴画的效果。剪贴蒙版由两部分组成：一部分为基底图层，用于定义显示图像的范围或形状；另一部分为内容图层，用于定义最终表现的图像内容。在执行"创建剪贴蒙版"命令后，基底图层名称下会有一条下画线，上方的内容图层的缩览图前方会出现图标，如图 4-3-2 所示。

图 4-3-2　创建剪贴蒙版的过程

 **操作要领**

商品细节修图技巧

1) 高光修图

首先使用"钢笔工具"创建高光部分的轮廓，并填充白色；然后通过矢量蒙版修改边缘，实现自然柔和的过渡；最后通过图层蒙版和"画笔工具"来调整光影。

2) 暗部修图

同高光修图技巧相似，首先将"钢笔工具"创建的轮廓填充为黑色；然后通过将图层的混合模式设置为"柔光"，或者添加矢量蒙版，使边缘自然过渡；最后通过图层蒙版和"画笔工具"来调整光影。

4. 使用"模糊工具""锐化工具""涂抹工具"精修图片

"模糊工具""锐化工具""涂抹工具"是图像处理中常用的技术手段，通过这些工具可以改善图像的质量，实现特定的效果。

"模糊工具"可以用于将图像中的细节变得模糊，适用于隐私保护、去除噪声、减少细节等场景。"锐化工具"可以用于增强图像的边缘和细节，提高图像的清晰度和锐度。"涂抹工具"通常通过对图像中的像素进行修改，使其变得模糊或不可辨认，常应用于隐私保护、信息隐藏及创意设计等领域。

知识链接

在进行拍摄时，摄影师经常会采用一种虚化背景的技巧，以突出照片中的主体。在通常情况下，这种效果可以通过使用具有大光圈的数码单反相机（DC）来实现。然而，当主体与背景非常接近时，虚化效果可能难以达到。一种常见的处理方法是使用"模糊工具"将希望虚化的区域进行模糊处理，以凸显主体，如图 4-3-3 所示。

图 4-3-3 使用"模糊工具"

在如图 4-3-4 所示的荷花对比图中可以看出，使用"模糊工具"对背景进行涂抹，可以使荷花更为突出。需要注意的是，"模糊工具"的操作方式类似于喷枪，即按住鼠标左键在一个地方停留时间越长，该地方被模糊的程度就越高。

图 4-3-4　荷花对比图

　　"锐化工具"的作用和"模糊工具"正好相反，其工具属性栏如图 4-3-5 所示。使用"锐化工具"能够将画面中模糊的部分变得清晰，尤其能够加强色彩的边缘效果。然而，过度使用该工具会出现色斑，因此在使用过程中应选择适当强度并谨慎操作。另外，"锐化工具"在使用过程中不带有类似喷枪的可持续作用性，因此按住鼠标左键在同一个地方停留并不会增加锐化程度。不过，在同一区域反复绘制会加大锐化效果，如图 4-3-6 所示。

图 4-3-5　"锐化工具"的工具属性栏

图 4-3-6　锐化效果

　　使用"锐化工具"将模糊部分变得清晰的功能是相对的，并不能使拍摄模糊的照片变得绝对清晰。因此，不能将"模糊工具"和"锐化工具"当作互补工具来使用。过度依赖"模糊工具"或"锐化工具"都会对图像造成不可逆的损害，应谨慎使用这些工具，以确保图像的质量和细节。

　　"涂抹工具"是 Photoshop 软件中一种重要的模糊工具，能够模拟手指在湿画布上涂抹的效果，使图像的局部区域变得模糊。通过调整"涂抹工具"的属性设置，用户可以控制涂抹的区域、程度和效果，如图 4-3-7 所示。"涂抹工具"广泛应用于图像处理的各种场景，如过渡颜色、模拟毛发质感、完善特效效果和微调结构等。

图 4-3-7　涂抹效果

5. 使用"加深工具""减淡工具""海绵工具"精修图片

"加深工具""减淡工具""海绵工具"是图像处理软件中常用的工具，用于调整图像的亮度、对比度和色彩饱和度等属性。

知识链接

"加深工具""减淡工具""海绵工具"认知

1）"减淡工具"

"减淡工具"是一种增加图像亮度的工具。在使用时，通过画笔涂抹图像的特定区域，可以使该区域的亮度增加，颜色变得更为明亮。在调整"减淡工具"的参数时，可以控制画笔的大小、硬度，以及"范围"和"曝光度"等参数，以实现更精确的效果。

2）"加深工具"

"加深工具"与"减淡工具"相反，是一种减少图像亮度的工具。通过画笔涂抹图像的特定区域，可以使该区域的亮度降低，颜色变得更为深沉。同样，在调整"加深工具"的参数时，可以控制画笔的大小、硬度，以及"范围"和"曝光度"等参数，以实现对图像的精确处理。

3）"海绵工具"

"海绵工具"是一种特殊的工具，用于调整图像的颜色饱和度。通过画笔涂抹图像的特定区域，可以对该区域的色彩饱和度进行调整。如果选择"饱和"选项，则画笔涂抹过的区域会变得更加鲜艳；如果选择"降低饱和度"选项，则画笔涂抹过的区域会变得更加柔和。

操作要领

当选择使用"加深工具"或"减淡工具"时，为了更好地控制处理效果，需要关注工具属性栏中的三个核心选项："画笔"、"范围"和"曝光度"。图4-3-8所示为"减淡工具"的工具属性栏。

图4-3-8 "减淡工具"的工具属性栏

首先，"画笔"选项提供了丰富的涂抹控制功能。通过调整画笔的各项参数（如"形状"、"大小"和"硬度"等），可以实现多样化的涂抹效果。

其次，"范围"选项允许用户精确地选择需要加深或减淡的图像区域。其中，阴影范围主要影响暗部区域，高光范围则主要影响亮部区域，而中间调范围则对暗部和亮部区域都产生一定影响。

　　最后，"曝光度"选项决定了加深或减淡的强度。简单来说，曝光度越高，处理效果越明显；反之，效果越微弱。通过合理调整"曝光度"选项，可以精确地控制图像处理后的视觉效果，以达到期望的水平。

　　"减淡工具"早期也被称为"遮挡工具"，因其原理与传统洗印照片工艺中的遮挡相似而得名，作用是局部加亮图像，效果如图 4-3-9 所示。

图 4-3-9　减淡效果

　　"加深工具"的效果与"减淡工具"相反，是将图像局部变暗。

　　图 4-3-10 所示为"海绵工具"的工具属性栏，如果选择"去色"选项，则可以降低局部的色彩饱和度；如果选择"加色"选项，则可以提高局部的色彩饱和度。"海绵工具"的作用是改变局部的色彩饱和度，并且流量越大效果越明显，如图 4-3-11 所示。

图 4-3-10　"海绵工具"的工具属性栏

图 4-3-11　"海绵工具"的效果

　　"海绵工具"不会造成像素的重新分布，因此其"去色"和"加色"模式可以作为互补来使用，即过度去除色彩饱和度后，可以切换到"加色"模式以提高色彩饱和度。然而，对于已经完全变为灰度的像素，使用"海绵工具"无法为其增加色彩。

 **任务评价**

请围绕评价内容，根据实践活动过程及活动实践结果的记录，进行学生自评与教师点评，并填写表 4-3-1。

表 4-3-1 精修商品图片评价表

评价内容		分值	评价	
			学生自评	教师点评
任务 4.4	明确商品图片精修的思路，能够根据商品情况确定修图的方向，为后续修图打好基础	20 分		
	掌握精修商品图片的方法，能够根据具体的效果要求，组合使用 6 种精修方法	20 分		
	能够使用矢量蒙版和剪贴蒙版精修 2 张商品图片的细节	20 分		
	能够使用"涂抹工具"虚化 2 张商品图片的背景	20 分		
	能够使用"加深工具"和"减淡工具"提亮图片，使用"海绵工具"调整图像的饱和度	20 分		

 任务拓展

在激烈的市场竞争中，茶企需要强化自身品牌形象的塑造，提升商品品质，以增强品牌的市场竞争力。对商品图片进行精修并不是造假，而是对原始图像的光影和色彩进行优化，使其更加清晰美观，为消费者提供更好的浏览体验。请通过本任务所学的图片精修知识，对以下图片的细节进行精修。

具体要求如下。

（1）新建文档的尺寸为 800 像素 ×800 像素，分辨率为 72 像素 / 英寸，颜色模式为 RGB 颜色，使用剪贴蒙版的方式，将文件（见图 4-3-12）放入 400 像素 ×400 像素的正圆形状内。

（2）将文件在 Photoshop 软件中打开，使用减淡工具组中的工具（"减淡工具""加深工具""海绵工具"）调整茶杯细节，感受不同工具的图片处理效果。

（3）将文件在 Photoshop 软件中打开，使用涂抹工具组中的工具（"模糊工具""锐化工具""涂抹工具"）调整茶杯细节，感受不同工具的图片处理效果。

（4）将图片分别按照上述 3 种方法处理后，保存 PSD 源文件，并导出 JPEG 格式图片，与原图进行对比。

图像文件	图片详情
文件	 图 4-3-12 淡雅茶香图

模块五

制作淘金币白底图——抠图工具的应用

🔔 典型任务描述

　　淘金币是淘宝为商家量身打造的店铺营销工具，如果商家想报名参加淘金币活动，则需要提交活动图与白底图两张图片。其中，活动图可以借助模特展示商品，需要选择简洁背景并确保商品区域明显；而白底图则要求完整展示商品，并且只能用商品本身进行展示。由于白底图的背景色为白色，对商品图像边缘的处理要求比较高，因此商家需要选择合适的抠图工具，保证图像的完整性和整洁性，提升商品吸引力，从而激发消费者的购买欲望。

🔔 模块知识地图

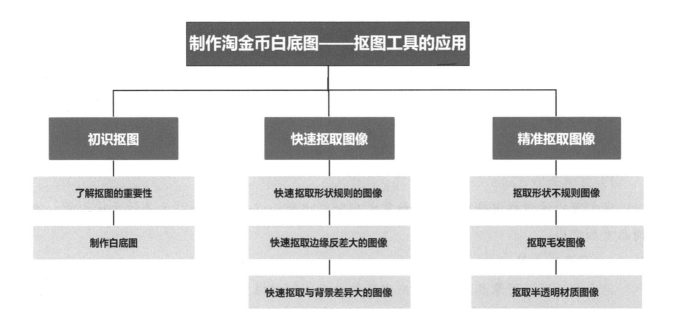

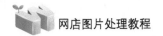

任务 5.1　初识抠图

 任务目标

- 知识目标：（1）了解抠图的重要性。
  - （2）理解选区、形状、路径三者的区别。
  - （3）掌握白底图的制作方法。
- 能力目标：（1）能够根据不同的图像类型和需求，选择合适的工具高效地进行抠图。
  - （2）能够熟练使用抠图的基本工具制作白底图。
- 素质目标：培养耐心、细心的工作态度，形成良好的职业素养。

 任务实践

在网店视觉设计过程中，商品图像的处理是至关重要的一环。由于刚拍摄完的商品图像可能带有各种各样的背景或其他干扰元素，直接使用这些图像往往无法达到最佳的视觉效果，因此需要进行一系列的处理，使商品图像更加突出、清晰、美观。在这些处理中，抠图是非常常用的一种操作。在完成图像抠取后，通常需要将其放置于白色背景中，形成白底图，这种图像在网店中有广泛的应用。

1. 了解抠图的重要性

抠图是图像处理中一项关键的技术，可以精确地提取图像中需要的部分，将其从画面中分离出来。抠图技术是后续图像处理的基础，广泛应用于各种场景，如商品详情页的设计与制作、广告宣传、图像合成等。

抠图的概念

 知识链接

抠图的重要性

1）背景去除

我们可以通过抠图将商品从原始背景中分离出来，以去除与商品无关的干扰元素，使商品更加突出。

2）多用途应用

抠图后的商品图像具有广泛的应用场景。我们可以根据需要将商品图像放置在不同的背景、广告中，或者与其他图像进行合成，以实现更多样化的展示效果。

3）品牌一致性

我们可以通过抠图确保商品图像在各种渠道和媒介中都具有一致的外观，保持品牌形象的统一性和专业性。

4）商品细节展示

通过抠图技术可以更好地突出商品的细节和特点。在去除背景后，消费者的注意力会更加集中于商品本身，从而更容易观察到商品的设计、质感和功能等方面的特点。

5）提升视觉吸引力

在抠图后，我们可以使用各种图像处理手段（如调整亮度、对比度、色彩等）来提升商品图像的质量，从而使图像更加生动、鲜明。

综上所述，白底图在商业和商品摄影中具有重要作用，有助于突出商品、建立品牌形象，提供灵活的后期处理选择，并增强商品的视觉吸引力。因此，在商业和电子商务环境中，使用白色背景拍摄商品图像是一种常见的做法。

知识链接

选区、路径和形状的区别

辨析选区、形状
与路径

1）选区

在 Photoshop 软件中，选区是指被选中的图像区域，以"蚂蚁线"作为边界标识。"蚂蚁线"并非实质性的图层，因此不会在 Photoshop 软件中创建新的图层。选区的作用范围与视图无关，而与所选的图层相关，只对当前图层选择的区域起作用。当选区被创建时，将定义一个可操作的区域，用户可以对选区内的像素进行复制、粘贴、涂抹填充、调整编辑，以及删除等操作。

2）路径

使用"钢笔工具"绘制出来的矢量路径是一个独立的矢量路径，不体现在"图层"面板中，而是由"路径"面板管理。作为 Photoshop 软件中的基本操作元素，矢量路径可以按照需要转化为选区，用于路径描边，或者用作矢量蒙版，具有很大的灵活性。

3）形状

矢量路径默认是一个矢量蒙版作用在一个颜色/渐变图层上（Photoshop 从 CS6 开始会把这种情况理解为形状图层）。这意味着，在"图层"面板中，所绘制的矢量路径呈现为矢量形状，其颜色和形状可以自由调整，并且在放大或缩小后仍能保持清晰不变。（CS6的形状图层进一步引入了矢量描边的概念，在低版本的 Photoshop 软件上打开时，这部分描边的信息会丢失并合并成像素图层）。

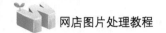

2. 制作白底图

在 Photoshop 软件中，白底图是指以白色为背景的图像，如图 5-1-1 所示。

图 5-1-1　白底图

在进行图像处理和设计时，白底图因其特性常用作底图。白底图具有明亮的纯白背景，这使得图像的边界、形状、轮廓和细节更加清晰可见，并且更容易与其他图像或背景进行融合或修改。

白底图的制作

 知识链接

颜色容差、色相、饱和度及明度的调整

"颜色容差"用于扩大或缩小选取的范围，较低的值意味着只选取接近目标颜色的像素，而较高的值则会包括更多接近的颜色。

"色相"用于将目标颜色变成想要的颜色。

"饱和度"用于增加或减少选区中的色彩饱和度。如果将"饱和度"的数值减少到负数，则可以将选区变为灰阶。相反，"饱和度"的数值越高，色彩对比越强。

"明度"用于调整选中区域的亮度，数值越大，亮度越高，而数值越小，则亮度越低。

需要注意的是，替换颜色功能是基于选区的，也可以使用其他工具（比如，"快速选择工具"等），以获取更为精细和精准的替换效果。

在了解白底图后，我们可以使用 Photoshop 软件制作白底图。通常来说，白底图的制作方法有很多，具体包括以下几种。

方法一：使用"魔棒工具"制作白底图。

使用"魔棒工具"制作白底图是一种常见的图像处理方法，可以快速地将图像背景替换为纯白色，使主体更加突出，提高图像的视觉效果。

使用"魔棒工具"制作白底图的操作步骤及关键点如下。

序号	操作步骤及关键点	操作标准
1	打开 Photoshop 软件，在软件界面的左上角找到"文件"菜单，如图 5-1-2 所示	 图 5-1-2 "文件"菜单（1）
2	执行"文件"→"打开"命令，如图 5-1-3 所示。在弹出的"打开"对话框中找到需要制作白底图的图像文件，将其导入 Photoshop 软件中	图 5-1-3 执行"打开"命令（1）
3	选择左侧工具栏中的"魔棒工具"，如图 5-1-4 所示，也可以按快捷键"W"。选择 Photoshop 软件中的"快速选择工具"，随后按快捷键"Shift + W"，这时"快速选择工具"就会切换成"魔棒工具"	图 5-1-4 选择"魔棒工具"
4	切换到"魔棒工具"后，将鼠标指针移到图片的背景区域并单击，即可选中背景区域，如图 5-1-5 所示	图 5-1-5 选中背景区域

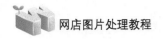
序号	操作步骤及关键点	操作标准
5	按快捷键"Shift + Ctrl + N"新建一个图层,如图 5-1-6 所示	 图 5-1-6 新建图层
6	将"前景色"设置为白色,如图 5-1-7 所示	图 5-1-7 将前景色设置为白色
7	在工具栏中选择"油漆桶工具",给选中区域填充白色,或者按快捷键"Alt+ Delete"直接将背景区域填充为白色,如图 5-1-8 所示。 在使用"魔棒工具"进行选取时,选取效果可能会受到图像复杂性和背景颜色的影响。对于过于复杂或是多颜色的背景,仅使用"魔棒工具"也许无法实现完美的选取效果,可能需要考虑使用其他工具和技术来实现更为精准的操作效果	图 5-1-8 填充白色

方法二:使用图像中的"替换颜色"功能制作白底图。

使用图像处理软件中的"替换颜色"功能可以制作白底图,但在使用时需注意颜色的选择和容差值的调整,以便快速简单地制作出白底图。

使用图像中的"替换颜色"功能制作白底图的操作步骤及关键点如下。

序号	操作步骤及关键点	操作标准
1	打开 Photoshop 软件，在软件界面的左上角找到"文件"菜单，如图 5-1-9 所示	图 5-1-9　"文件"菜单（2）
2	执行"文件"→"打开"命令，如图 5-1-10 所示。在弹出的"打开"对话框中找到制作白底图的图像文件，将其导入 Photoshop 软件中	图 5-1-10　执行"打开"命令（2）
3	在菜单栏中执行"图像"→"调整"→"替换颜色"命令，如图 5-1-11 所示	图 5-1-11　执行"替换颜色"命令
4	使用"吸管工具"在背景区域上单击，选中想要的背景颜色，在"替换颜色"对话框中进行调整，如图 5-1-12 所示	图 5-1-12　调整参数

续表

序号	操作步骤及关键点	操作标准
5	在"替换颜色"对话框中可以看到"颜色容差"（选区/图像）"色相""饱和度""明度"等选项，如图 5-1-13 所示	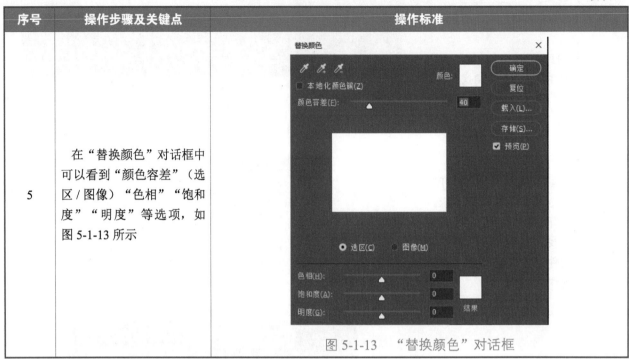 图 5-1-13　"替换颜色"对话框

方法三：使用"钢笔工具"制作白底图。

使用"钢笔工具"制作白底图需要具备一定的 Photoshop 基本功，因为"钢笔工具"适用于勾勒主体形状较为简单的图片，但操作起来具有一定难度。

使用"钢笔工具"制作白底图的操作步骤及关键点如下。

序号	操作步骤及关键点	操作标准
1	打开 Photoshop 软件，在软件界面的左上角找到"文件"菜单，如图 5-1-14 所示	 图 5-1-14　"文件"菜单（3）
2	执行"文件"→"打开"命令，如图 5-1-15 所示。在弹出的"打开"对话框中找到制作白底图的图像文件，将其导入 Photoshop 软件中	图 5-1-15　执行"打开"命令（3）

续表

序号	操作步骤及关键点	操作标准
3	在左侧的工具栏中选择"钢笔工具"，如图 5-1-16 所示	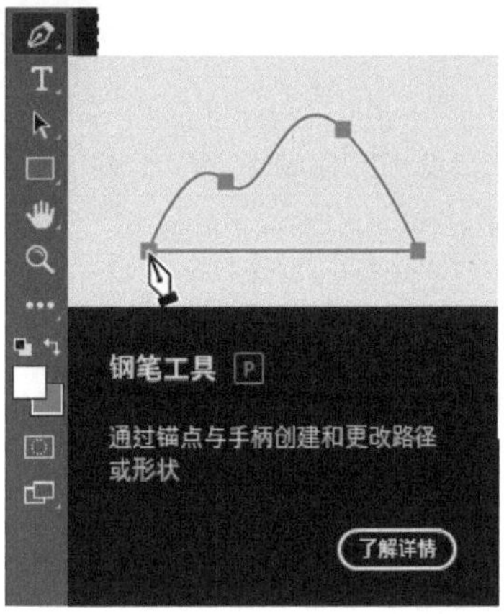 图 5-1-16　选择"钢笔工具"
4	首先在图像上单击创建锚点，然后围绕想要选择的区域连续创建更多的锚点，如图 5-1-17 所示。单击新锚点后长按鼠标左键，将锚点转换为曲线，显示双向调节轴，如图 5-1-18 所示。按住"Shift"键，单击锚点取消右侧调节轴，如图 5-1-19 所示。松开"Shift"键，在图像上继续单击，继续创建新的连接锚点，如图 5-1-20 所示	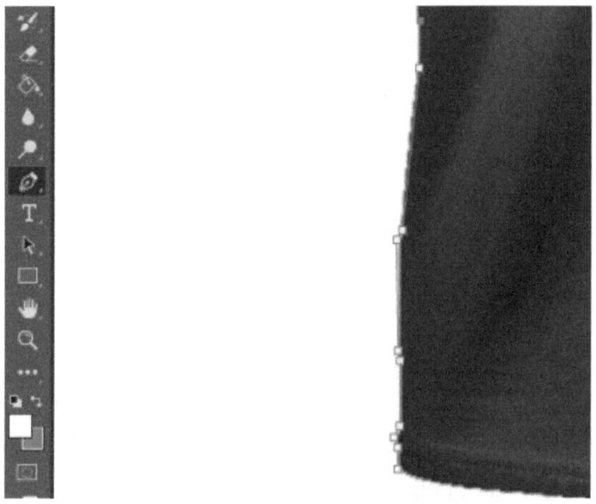 图 5-1-17　创建多个锚点  图 5-1-18　显示双向调节轴  图 5-1-19　取消右侧调节轴 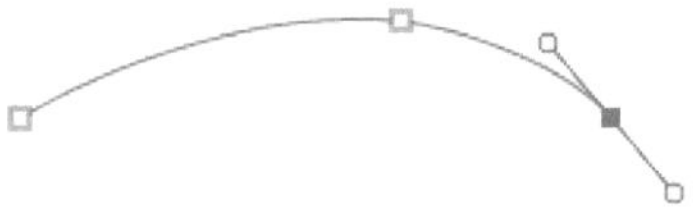 图 5-1-20　继续创建新的连接锚点

续表

序号	操作步骤及关键点	操作标准
5	如果想要将绘制的路径闭合，则可以将路径的最终锚点放到起始锚点之上，让两点重合，以此得到一个路径闭合的选区，如图 5-1-21 所示。之后使用"转换点工具"调节单个锚点以改变选区的形状，该过程用时较多，需要更多耐心，如图 5-1-22 所示	图 5-1-21　绘制闭合路径 图 5-1-22　使用"转换点工具"
6	在图像上右击，在弹出的快捷菜单中执行"建立选区"命令。在得到想要的选区后，按快捷键"Ctrl + J"将抠出的主体物进行复制，执行"图层"→"新建"命令，新建一个名为"新建图层1"的图层，将图层填充为白色并移到底层，从而得到想要的白底效果，如图 5-1-23 所示	图 5-1-23　建立图层

使用"钢笔工具"的关键是熟悉路径的创建和编辑技巧，熟练掌握"钢笔工具"的使用方法后，便可以创建复杂形状的选区或路径，并根据需要进行填充或其他的编辑操作。

 任务评价

请围绕评价内容，根据实践活动过程及活动实践结果的记录，进行学生自评与教师点评，并填写表 5-1-1。

表 5-1-1　初识抠图评价表

	评价内容	分值	评价	
			学生自评	教师点评
任务 5.1	了解抠图的概念与重要性，理解路径、选区、形状三者的区别，能够根据要求将矢量路径转化为选区	50 分		
	能够使用 3 种方法制作白底图	50 分		

 任务拓展

电商正处于飞速发展的阶段，茶企需要结合互联网与其他新兴产业进行融合发展，不断进行创新和提高，以满足消费者多样化的需求，从而在激烈的竞争市场中持续发展。在商品宣传中，白底图对商家来说非常重要，因为白底图可以灵活地将商品运用并展示到更多的领域，以提高商品的曝光率。某茶企想要制作淘宝网店主图所用的商品白底图，请通过本任务所学的抠图工具，制作 3 张白底图。

具体要求如下。

（1）打开 Photoshop 软件，新建文档。淘宝网店主图尺寸为 800 像素 ×800 像素，分辨率为 72 像素 / 英寸，颜色模式为 RGB 颜色，背景内容为白色，其他选项均保持默认设置。

（2）使用"魔棒工具"对文件一（见图 5-1-24）中的茶叶进行抠图，新建图层并将背景填充为白色。

（3）使用图像中的"替换颜色"功能对文件二（见图 5-1-25）中黄色背景进行颜色调整，将背景色替换为白色。

（4）使用"钢笔工具"对文件三（见图 5-1-26）中的深色茶杯进行抠图，新建图层并将背景填充为白色。

图像文件	图片详情
文件一	图 5-1-24　茶叶素材

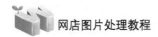

续表

图像文件	图片详情
文件二	 图 5-1-25　茶叶 Logo 素材
文件三	 图 5-1-26　茶杯素材

任务 5.2　快速抠取图像

 任务目标

- 知识目标：（1）掌握快速抠取图像的各种方法。

    （2）掌握选框工具组（如"椭圆选框工具""矩形选框工具"等）、套索工具组（"套索工具"、"磁性套索工具"和"多边形套索工具"）、魔棒工具组（"魔棒工具"和"快速选择工具"）中工具的操作要点和使用方法。

- 能力目标：（1）能够根据图像轮廓特点灵活使用各种工具。

    （2）能够根据图像的轮廓特点和图像抠取需求快速抠取图像。

- 素质目标：培养尊重原创设计、保护知识产权、不盗用他人作品的素质。

**任务实践**

在图像处理过程中，针对不同的图像需要使用不同的工具和操作方法来实现抠图。下面介绍快速抠取形状规则、边缘反差大和与背景差异大的图像需要使用的工具和技巧，以提高抠图的效率。

1. 快速抠取形状规则的图像

快速抠图是 Photoshop 软件中需掌握的一项重要的操作技能。它是指使用快速抠图工具和技术，将图像中的目标物体从背景中分离出来的过程。快速抠取形状规则的图像可以帮助用户快速、准确地创建图像的透明背景，或者是将目标物体无缝地放置在各种背景上。

快速抠取形状
规则的图像

知识链接

羽化值的使用注意事项

在 Photoshop 软件中，羽化值是用来控制选区边缘模糊程度的。它以像素为单位，表示模糊的强度和范围。我们可以通过调整羽化值来控制选区边缘的平滑程度和渐变效果，使抠图效果更加自然。

在抠图前，确保选择区域的准确性和精细程度非常重要。羽化值只是用来处理选区边缘的模糊效果，而抠图的准确性仍然取决于抠图工具的选择和选区的精细调整。因此，在选择抠图工具时，需要仔细考虑每个工具的特点和适用范围，并根据图像的实际情况选择合适的工具。

下面详细介绍使用 Photoshop 软件快速抠取形状规则图像的方法。对于形状规则图像的抠取，常用的方法有使用选框工具组中的工具和羽化值两种，具体如下。

方法一：使用选框工具组中的工具快速抠取图像。

使用选框工具组中的工具抠取图像非常方便快捷，适用于形状规则、边缘清晰的图像。同时，我们也可以结合其他图像处理工具进一步优化抠取的图像质量。

使用选框工具组中的工具快速抠取图像的操作步骤及关键点如下。

序号	操作步骤及关键点	操作标准
1	将需要操作的图片导入 Photoshop 软件中，在左侧的工具栏中找到选框工具组，如图 5-2-1 所示	 图 5-2-1　　找到选框工具组
2	根据所选的图片内容，在选框工具组中选择合适的工具进行操作，如图 5-2-2 所示。选框工具组常用的工具有以下两个。 　　①"矩形选框工具"：在选框工具组上右击，选择"矩形选框工具"，其快捷键为"Shift + M"，主要用于框选矩形或正方形的区域，如图 5-2-3 所示。 　　②"椭圆选框工具"：在选框工具组上右击，选择"椭圆选框工具"，其快捷键为"Shift + M"，主要用于框选椭圆或圆形的区域	图 5-2-2　　选择合适的工具 图 5-2-3　　矩形选框
3	创建选定区域。使用选框工具组中的工具，在图像上按住鼠标左键进行拖动，以创建想要的选区。以下是三种可选方法。 　　①直接在图像上按住鼠标左键进行拖动，可以绘制矩形或椭圆形选区。 　　②按住"Shift"键，同时按住鼠标左键进行拖动，可以限制住选定区域的比例，用于绘制正方形或正圆形选区，如图 5-2-4 所示。 　　③按住"Alt"键，同时按住鼠标左键进行拖动，此时是以选定区域的中心为基准绘制的选区	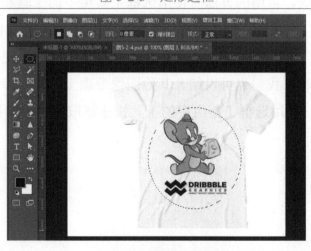 图 5-2-4　　创建选定区域

续表

序号	操作步骤及关键点	操作标准
4	当选定区域后，我们可以对选定区域进行二次操作。比如，按快捷键"Ctrl + D"取消选区，按快捷键"Ctrl + J"复制选区，按快捷键"Ctrl + Z"剪切选区，成功使用选定区域完成抠图，如图5-2-5所示	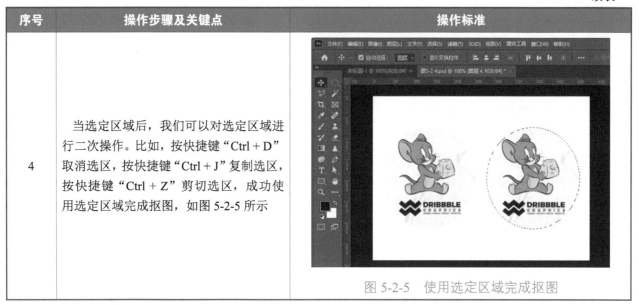 图5-2-5　使用选定区域完成抠图

方法二：使用羽化值快速抠取图像。

使用羽化值抠取图像非常便捷，只需调整羽化值和画笔硬度，即可控制抠取图像的边缘效果。

使用羽化值快速抠取图像的操作步骤及关键点如下。

序号	操作步骤及关键点	操作标准
1	根据图像特点选择合适的抠图工具。比如，选框工具组中的工具，套索工具组中的工具，以及选择工具组中的工具，如图5-2-6所示。其中，选择工具组中的工具包括"对象选择工具"、"快速选择工具"和"魔棒工具"，如图5-2-7所示	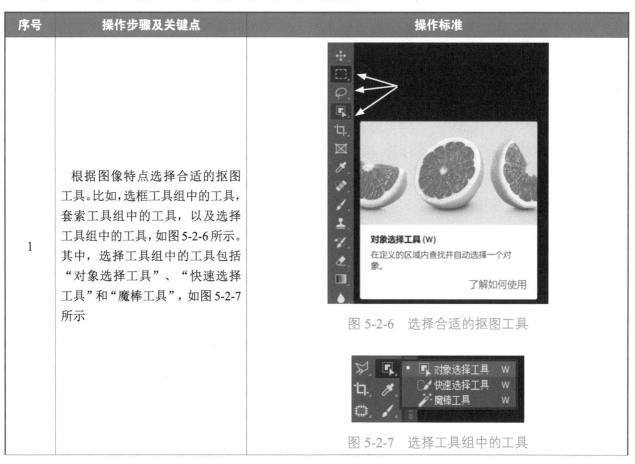

图5-2-6　选择合适的抠图工具

图5-2-7　选择工具组中的工具

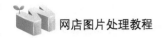
续表

序号	操作步骤及关键点	操作标准
2	绘制好选区后，如果选区的边缘不合心意，则可以在选区上右击，在弹出的快捷菜单中执行"羽化"命令，如图5-2-8所示	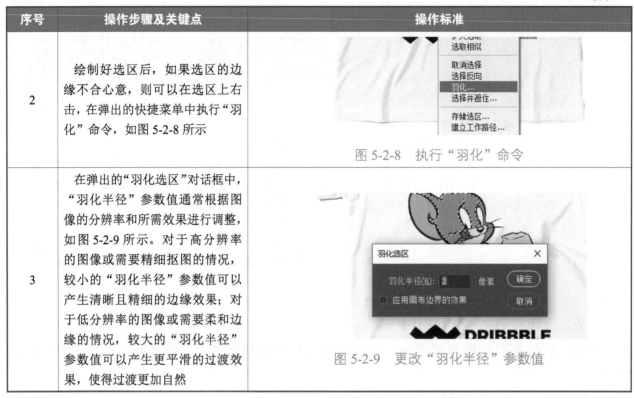 图 5-2-8　执行"羽化"命令
3	在弹出的"羽化选区"对话框中，"羽化半径"参数值通常根据图像的分辨率和所需效果进行调整，如图5-2-9所示。对于高分辨率的图像或需要精细抠图的情况，较小的"羽化半径"参数值可以产生清晰且精细的边缘效果；对于低分辨率的图像或需要柔和边缘的情况，较大的"羽化半径"参数值可以产生更平滑的过渡效果，使得过渡更加自然	图 5-2-9　更改"羽化半径"参数值

在使用选框工具组中的工具抠取形状规则的图像后，可以结合使用羽化值来优化抠图效果。通过调整羽化值，可以使图像边缘更加平滑，以便更好地融合背景，提高整体的美观度。同时，我们也可以利用其他工具和技术来实现更精细的抠图效果，如"魔棒工具"、"快速选择工具"和"套索工具"等。

2. 快速抠取边缘反差大的图像

对于目标物体的边缘不规则、变化多、差异大的图像，需要选用Photoshop 软件中的特定工具来完成抠取。其中，"套索工具"是 Photoshop 软件中常用的快速抠图工具之一，可以手动绘制选择边界，非常适合用来抠取边缘反差大的图像。在了解"套索工具"后，我们可以使用 Photoshop 软件的"套索工具"，对边缘反差大的图像进行抠取。

快速抠取边缘反差大的图像

使用"套索工具"抠取边缘反差大的图像的操作步骤及关键点如下。

序号	操作步骤及关键点	操作标准
1	打开 Photoshop 软件，导入需要操作的图像。我们可以执行"文件"→"打开"命令（见图5-2-10），或者按快捷键"Ctrl + O"来打开图像	图 5-2-10　执行"打开"命令

续表

序号	操作步骤及关键点	操作标准
2	套索工具组中的工具有3种，包括"套索工具"、"多边形套索工具"和"磁性套索工具"。这里选择"套索工具"，如图5-2-11所示	 图5-2-11　选择"套索工具"
3	在默认情况下，使用"套索工具"可以自由绘制选区。我们可以按住鼠标左键进行拖动，手动绘制选区边界。 在"套索工具"的工具属性栏（见图5-2-12）中，勾选"消除锯齿"复选框可以使选择边界更加平滑，减少锯齿状边缘的出现	 图5-2-12　"套索工具"的工具属性栏
4	当使用"套索工具"在图像中绘制选区边界时，需要在图像的边缘处进行绘制，即按住鼠标左键沿着目标区域的边缘绘制选区边界。当完成绘制时，释放鼠标左键。绘制的选区边界如图5-2-13所示	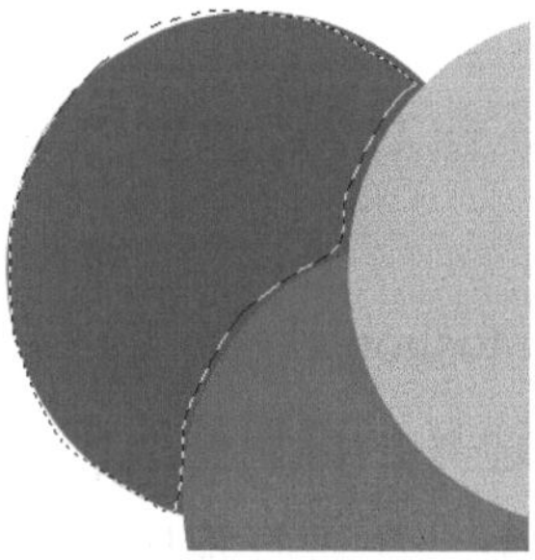 图5-2-13　绘制的选区边界
5	完成选择后，可以对其进行进一步的调整，以确保选区边界的准确性。在菜单栏中执行"选择"→"修改"→"平滑"命令（见图5-2-14），在弹出的"平滑选区"对话框中通过调整数值，使选区边界更加平滑，也会减少锯齿状边缘的出现	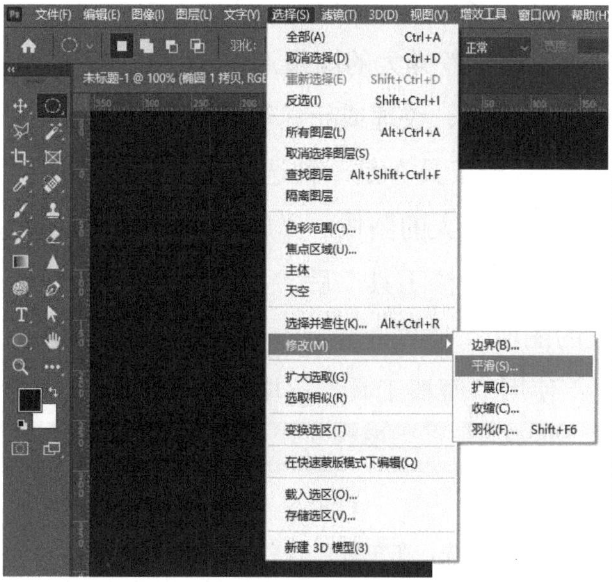 图5-2-14　执行"平滑"命令

续表

序号	操作步骤及关键点	操作标准
6	在菜单栏中执行"选择"→"修改"→"扩展"或"收缩"命令，可以扩大或缩小当前的选择区域，如图 5-2-15 所示。在菜单栏中执行"选择"→"修改"→"边界"命令，使用"套索工具"绘制额外的选区边界，以添加或减去特定的区域	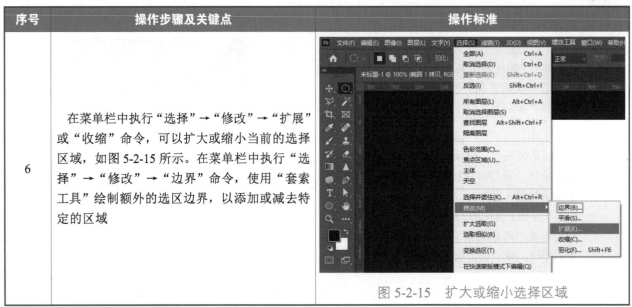 图 5-2-15　扩大或缩小选择区域

通过这些方法，我们可以更加精确地选择所需的区域，从而实现快速抠取边缘反差较大的图像。

在 Photoshop 软件中，"套索工具"是一种常用的抠图工具。我们可以先使用"套索工具"绘制选区边界，再调整选区并提取所选区域，将特定区域从图像中抠出来，最后将其放置到其他背景中。在进行抠图时，注意细节和边缘的质量，以确保效果更加自然和逼真。

3. 快速抠取与背景差异大的图像

与背景差异大的图像通常是指图像中背景与目标物体之间存在显著差异，这些差异可能体现在颜色、纹理或元素等方面。

"魔棒工具"是一种选区工具，能够根据图像中颜色和纹理的相似性来建立选区。对于与背景差异大的图像，"魔棒工具"能够迅速地选择或排除特定区域，从而实现快速抠图。在了解"魔棒工具"后，我们可以使用 Photoshop 软件中的"魔棒工具"，抠取与背景差异大的图像。

使用"魔棒工具"抠取与背景差异大的图像的操作步骤及关键点如下。

序号	操作步骤及关键点	操作标准
1	首先，在左侧工具栏中选择"魔棒工具"，或者按键盘上的"W"键来切换到"魔棒工具"，如图 5-2-16 所示	图 5-2-16　选择"魔棒工具"

序号	操作步骤及关键点	操作标准
2	选择"魔棒工具"后，在其工具属性栏中设置参数，如"容差""消除锯齿"等，以减少所选区域的误差，如图 5-2-17 所示	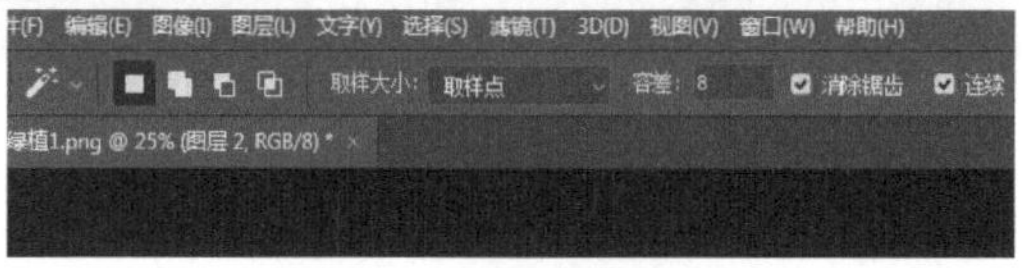 图 5-2-17　设置参数
3	控制选区的容差范围，即颜色相似度的数值。容差值越小，选区颜色与原选区颜色越相似，选区范围越小；容差值越大，选区颜色与原选区颜色差异越大，选区范围越广，如图 5-2-18 所示。 勾选"消除锯齿"复选框可以减少边缘锯齿，通过平滑选区边缘来创建更为平滑的过渡效果	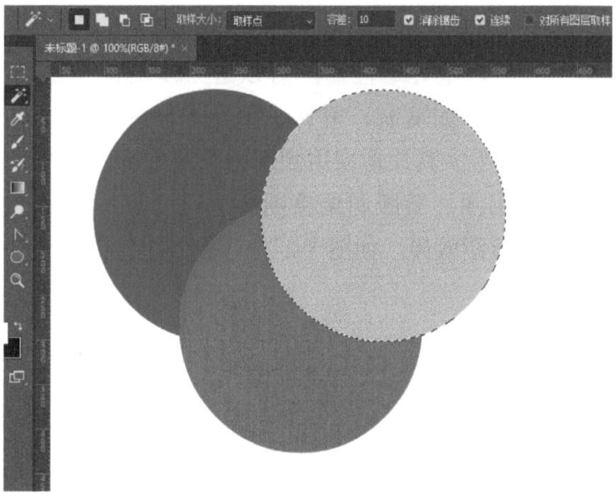 图 5-2-18　调整容差值后的选区
4	选择"魔棒工具"，将鼠标指针移到想要选中的背景区域上并单击，即可自动根据设置的容差进行颜色相似度的判断，从而选择对应的区域，如图 5-2-19 所示	 图 5-2-19　选择区域
5	如果在使用"魔棒工具"选择区域时，出现选区不完整，或者是选区过于宽泛的情况，则需要对选区进行调整。 增加选区：如果选区没有涵盖完整的主体对象，则可以按住"Shift"键，使用"魔棒工具"依次单击主体对象边缘的关键点，或者是使用"套索工具"手动绘制出边界线增加选区范围，如图 5-2-20 所示。 减少选区：如果选区过大，涵盖了不应该被抠出的区域，则可以按住"Alt"键，使用"魔棒工具"在需要减去的多余选区上单击，或者是使用"套索工具"手动绘制选区，以减少选区。除此之外，我们还可以使用"魔术橡皮擦工具"来删减多余的选区	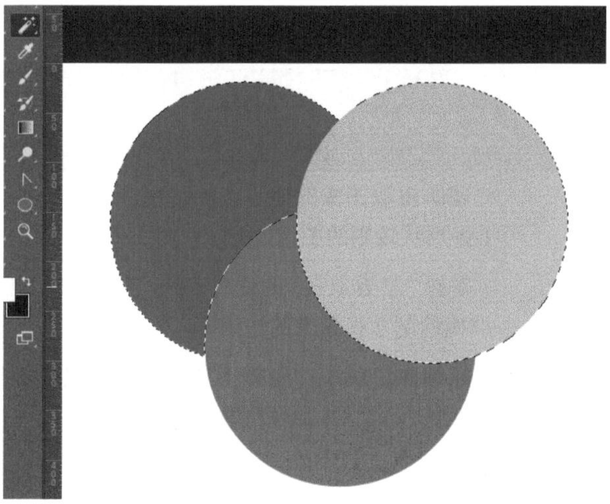 图 5-2-20　增加选区范围

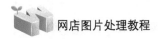

序号	操作步骤及关键点	操作标准
6	在调整好选区后，可以进一步对图像进行处理，如复制、剪切、填充等，从而完成抠图过程。其次再应用到新图像或是新背景中，使用图层蒙版和调整图层透明度等技巧来优化抠图效果，如图 5-2-21 和图 5-2-22 所示	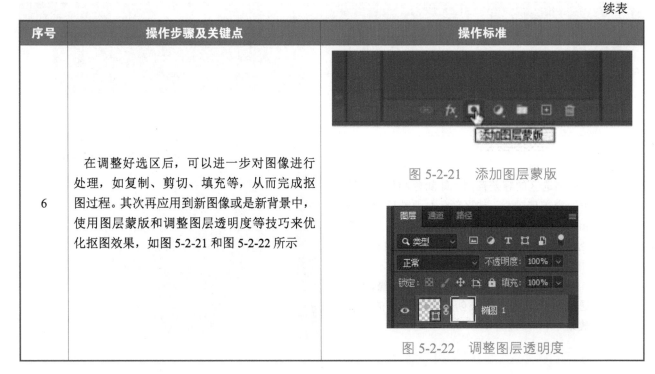 图 5-2-21　添加图层蒙版 图 5-2-22　调整图层透明度

在 Photoshop 软件中，我们可以使用"魔棒工具"快速抠取与背景差异大的图像，并通过调整其工具属性栏中的各项参数对抠取的图像进行合理且适当的优化，从而实现精确且快速的抠图效果。

 任务评价

请围绕评价内容，根据实践活动过程及活动实践结果的记录，进行学生自评与教师点评，并填写表 5-2-1。

表 5-2-1　快速抠取图像评价表

评价内容		分值	评价	
			学生自评	教师点评
任务 5.2	理解抠取图像的原理，能够使用至少一种方法抠取 1 张形状规则的图像	30 分		
	掌握"套索工具"的使用方法，能够使用"套索工具"准确绘制 2 张图像的边缘	30 分		
	能够熟练使用"魔棒工具"快速抠取 2 张与背景差异大的图像，并实现精确的抠图效果	40 分		

任务拓展

互联网茶企需要考虑数字化客户、数字化商品等方面，并利用电商平台实现与消费者的商品信息交流。合适的宣传图片能够为商家和消费者之间搭建起有效的"桥梁"，帮助消费者更好地了解和选择商品。要想让消费者对网店留下优质的第一印象，Photoshop 软件中的抠图技术对提升商品展示至关重要。通过抠图，商家可以将商品从复杂的背景中精准地提取出来，使其在页面上更加突出醒目，从而吸引消费者的目光。某茶企需要制作淘宝网店详情页海报，根据本任务所学的抠图技术，请使用选框工具组中的工具与调整羽化值两种不同的方法对提供的图片进行抠图操作。

具体要求如下。

（1）新建文档，将详情页的宽度设置为 750 像素，高度自定义，分辨率设置为 72 像素 / 英寸，颜色模式设置为 RGB 颜色。在新建文档中导入文件一（见图 5-2-23），将其调整至合适的尺寸与位置，并保存 PSD 格式源文件。

（2）将文件二（见图 5-2-24）导入 Photoshop 软件中，使用选框工具组中的工具选取茶叶部分，并将此部分复制到刚保存的 PSD 格式源文件中。

（3）将文件三（见图 5-2-25）导入 Photoshop 软件中，使用"套索工具"选取茶壶部分，使用"魔棒工具"选取茶杯左侧，使用"快速选择工具"选取右侧茶杯，建立选框后，使用羽化值调节合适的选取范围，将抠图后的 3 张茶具图像导入刚保存的 PSD 格式源文件中，将其调整至合适的尺寸与位置。

图像文件	图片详情
文件一	图 5-2-23　背景图

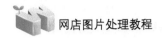

图像文件	图片详情
文件二	 图 5-2-24 茶叶素材
文件三	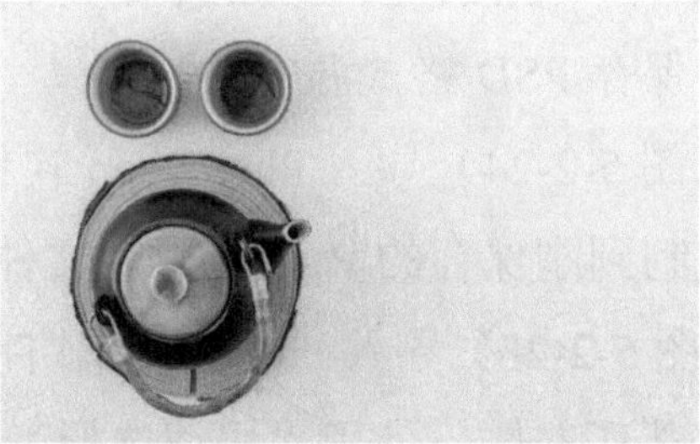 图 5-2-25 茶具素材

任务 5.3　精准抠取图像

任务目标

- 知识目标：掌握"钢笔工具"、通道、Alpha 通道的使用方法，以及调整边缘的操作。
- 能力目标：（1）能够根据图像特点选择适合的图像抠取工具。
- （2）能够根据图像特点和图片处理要求精准抠取图像。
- 素质目标：培养一丝不苟的工作态度与精益求精的图像处理思维。

任务实践

在图像处理过程中，抠图是非常常见的操作，可能涉及从复杂的背景中分离出特定的图像部分。在此过程中，经常会遇到一些问题，会对抠图工作的顺利进行造成困扰。例如，形状不规则图像、毛发图像、半透明材质图像等。对于此类图像，我们需要使用特定的方法或工具，才能将其完整、美观地抠取出来。

1. 抠取形状不规则图像

由于商品本身、拍摄角度等原因，商品图像的形状通常不规则，这种图像为抠图工作带来了较大的挑战。想要抠取这种形状不规则的图像，首先需要深入分析和研究商品图像形状不规则的原因，从而选择合适的工具进行抠取。

知识链接

形状不规则图像的认知

形状不规则的图像指的是具有不规则或复杂轮廓的图像，这些图像的轮廓线无法按照简单的几何形状（如矩形、圆形）进行定义，而是具有自由、曲线或不规则的形状。这种形状不规则的图像可以是自然物体（如树木、云朵、山脉等）的照片，也可以是艺术绘画、渲染图、抽象图像等人为创作的作品。

精准抠取形状
不规则的图像

在对形状不规则的图像进行抠取时，一般的选区工具往往无法满足对细节的精确需求，而"钢笔工具"则可以很好地完成所需的工作。使用"钢笔工具"可以创建平滑的路径，因此该工具可用于精细地抠图、描边和各种形状的绘制。

在了解形状不规则图像后，需要选择特定的工具进行处理，下面使用 Photoshop 软件中的"钢笔工具"进行处理。

使用"钢笔工具"抠取形状不规则图像的操作步骤及关键点如下。

序号	操作步骤及关键点	操作标准
1	在 Photoshop 软件左侧的工具栏中选择"钢笔工具"，如图 5-3-1 所示，或者是按键盘上的"P"键切换成"钢笔工具"	图 5-3-1 选择"钢笔工具"

序号	操作步骤及关键点	操作标准
2	选择"钢笔工具"（见图5-3-2）后，在图像上单击创建锚点，并围绕想要选择的区域连续创建多个锚点，以绘制路径的曲线段。单击新锚点后长按鼠标左键，会显示双向调节轴，用于调整锚点的位置和曲线段的形状，以适应图像的不规则形状。我们可以按住"Alt"键，在路径上添加额外的锚点，以调整路径的形态；也可以在路径的关键点上单击并按住鼠标左键进行拖动，以调整路径的形态；还可以单击路径的中线，通过添加新的锚点来调整路径的形态	图5-3-2 绘制路径的曲线段
3	接下来要调整路径的曲线，以确保可以准确捕捉到图像的形状。对于锚点，我们可以通过调整它们的方向来改变曲线的形态。当路径围绕不规则形状的图像时，将路径的最后一个锚点连接回起点，形成一个封闭的路径。如果需要修改绘制路径，则可以使用"直接选择工具"或"路径选择工具"来对路径上的锚点进行适当的调整，如图5-3-3所示	图5-3-3 调整路径
4	在顶部的菜单栏中执行"窗口"→"路径"命令，打开"路径"面板，以查看和编辑路径，如图5-3-4所示	图5-3-4 查看和编辑路径
5	如果想要将绘制的路径转换为选区，则可以在"路径"面板中选择路径，并单击面板底部的"将路径作为选区载入"按钮，如图5-3-5所示	图5-3-5 将路径转换为选区

续表

序号	操作步骤及关键点	操作标准
6	如果想要将绘制的路径转换为形状图层，则可以在"钢笔工具"的工具属性栏中选择"路径"，并单击"形状"按钮，如图 5-3-6 所示。这样就可以对形状进行进一步的编辑和修改	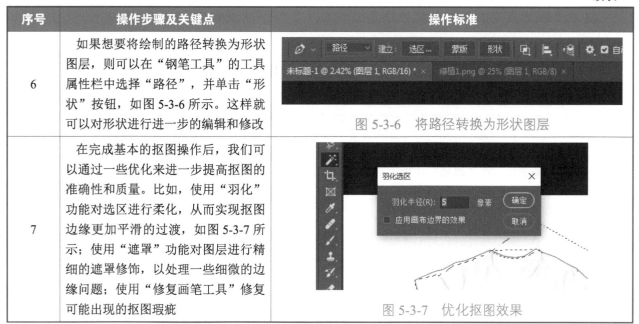 图 5-3-6　将路径转换为形状图层
7	在完成基本的抠图操作后，我们可以通过一些优化来进一步提高抠图的准确性和质量。比如，使用"羽化"功能对选区进行柔化，从而实现抠图边缘更加平滑的过渡，如图 5-3-7 所示；使用"遮罩"功能对图层进行精细的遮罩修饰，以处理一些细微的边缘问题；使用"修复画笔工具"修复可能出现的抠图瑕疵	图 5-3-7　优化抠图效果

2. 抠取毛发图像

在 Photoshop 软件中，实现精准的毛发抠图是一项具有挑战性的任务，因为毛发具有细小和复杂的特性，使得抠图过程异常困难。然而，我们通过学习使用通道和边缘调整的技巧，能够达到精准的毛发抠图效果，使得抠取的毛发看起来更加真实、自然。

 知识链接

毛发抠图优化技巧

由于毛发太过复杂，抠图后通常需要进一步的优化，以便获得更加真实的效果。下面介绍几个优化毛发抠图的小技巧。

精准抠取毛发图像

1）使用遮罩修饰

在复制的图层上，使用"遮罩"功能进行精细的遮罩修饰，以处理一些细微的边缘问题和细节。

2）添加背景透明度

如果需要将抠取的毛发与不同的背景合并，则可以调整图层的不透明度，让毛发与新背景融合得更加自然。

3）添加毛发纹理

对于抠图的图层，我们也可以尝试添加一些毛发的纹理和细节，让图像看起来更加真实。

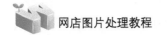
4）使用修复工具消除瑕疵

使用"修复画笔工具"和其他修复工具来修复抠图瑕疵和不完整部分。

在了解毛发图像的抠取优化技巧后，我们可以使用通道抠取毛发图像。

使用通道抠取毛发图像的操作步骤及关键点如下。

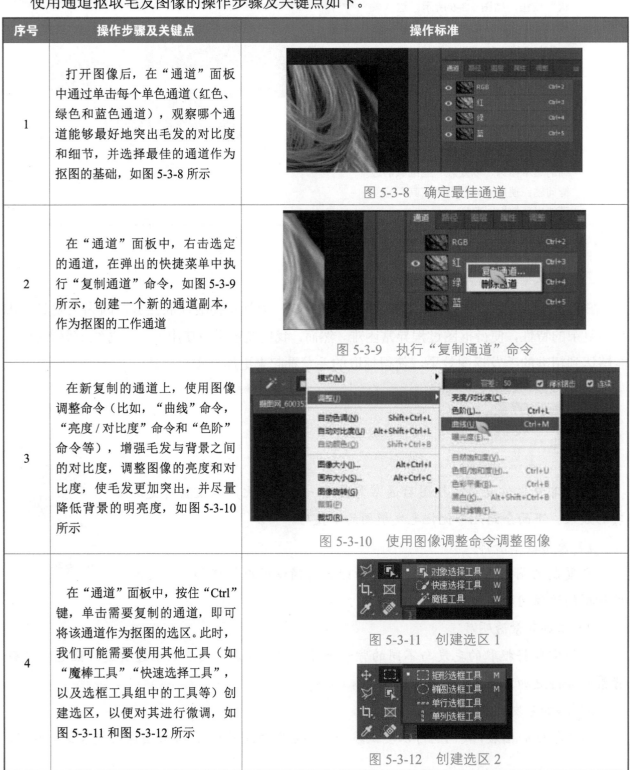

序号	操作步骤及关键点	操作标准
1	打开图像后，在"通道"面板中通过单击每个单色通道（红色、绿色和蓝色通道），观察哪个通道能够最好地突出毛发的对比度和细节，并选择最佳的通道作为抠图的基础，如图 5-3-8 所示	图 5-3-8　确定最佳通道
2	在"通道"面板中，右击选定的通道，在弹出的快捷菜单中执行"复制通道"命令，如图 5-3-9 所示，创建一个新的通道副本，作为抠图的工作通道	图 5-3-9　执行"复制通道"命令
3	在新复制的通道上，使用图像调整命令（比如，"曲线"命令，"亮度/对比度"命令和"色阶"命令等），增强毛发与背景之间的对比度，调整图像的亮度和对比度，使毛发更加突出，并尽量降低背景的明亮度，如图 5-3-10 所示	图 5-3-10　使用图像调整命令调整图像
4	在"通道"面板中，按住"Ctrl"键，单击需要复制的通道，即可将该通道作为抠图的选区。此时，我们可能需要使用其他工具（如"魔棒工具""快速选择工具"，以及选框工具组中的工具等）创建选区，以便对其进行微调，如图 5-3-11 和图 5-3-12 所示	图 5-3-11　创建选区 1 图 5-3-12　创建选区 2

续表

序号	操作步骤及关键点	操作标准
5	在"图层"面板中，确保选择正确的图层，按快捷键"Ctrl＋J"，将选中的区域复制到新的图层中。在复制的图层上，使用"查找边缘"命令（可在"滤镜"菜单中找到）对毛发的边缘进行微调和细化，如图5-3-13所示	 图 5-3-13　细化抠图边缘
6	继续进行微调和修整，以达到所期望的抠图效果。完成后，保存图像或是将其图层与其他图层合并，以便进一步地进行后续的处理	

3. 抠取半透明材质图像

在网店视觉设计的过程中，经常需要将半透明材质图像与其他元素进行合成，以实现更加富有创意和美观的效果。

 知识链接

半透明材质图像的抠取技巧

半透明材质图像指的是具有一定透明度效果的图像，如水滴、烟雾、玻璃、云彩等。这种图像通常包含具有部分透明或半透明区域的图层，底层的图像或背景能够透过这些区域显示出来。

抠取半透明材质图像需要借助通道，尽可能地将主体物与背景区分开。在原色通道的画面中，白色代表的是被选择的部分，黑色表示的是不需要的部分，而灰色则代表物体半透明的部分。所以，如果想要抠取半透明材质图像，则只需尽量保持物体原有的灰度即可。

在了解半透明材质图像的抠取优化技巧后，我们可以使用 Alpha 通道抠取半透明材质图像。

使用 Alpha 通道抠取半透明材质图像的操作步骤及关键点如下。

精准抠取半透明材质图像

序号	操作步骤及关键点	操作标准
1	打开 Photoshop 软件，导入要抠取的半透明材质图像。执行"文件"→"打开"命令，如图 5-3-14 所示，或者按快捷键"Ctrl + O"来完成这项操作	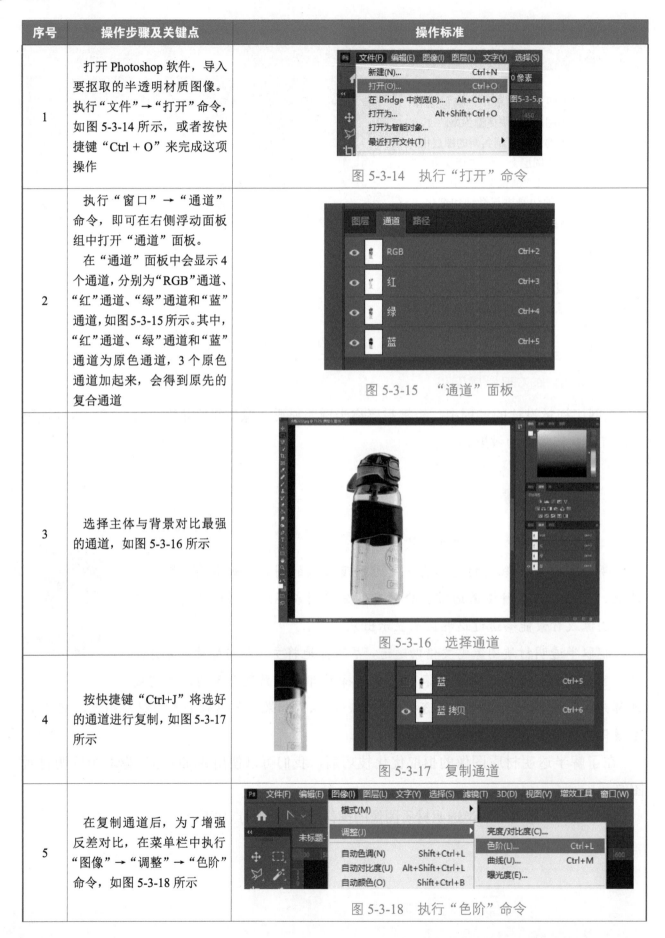 图 5-3-14　执行"打开"命令
2	执行"窗口"→"通道"命令，即可在右侧浮动面板组中打开"通道"面板。 　　在"通道"面板中会显示 4 个通道，分别为"RGB"通道、"红"通道、"绿"通道和"蓝"通道，如图 5-3-15 所示。其中，"红"通道、"绿"通道和"蓝"通道为原色通道，3 个原色通道加起来，会得到原先的复合通道	图 5-3-15　"通道"面板
3	选择主体与背景对比最强的通道，如图 5-3-16 所示	图 5-3-16　选择通道
4	按快捷键"Ctrl+J"将选好的通道进行复制，如图 5-3-17 所示	图 5-3-17　复制通道
5	在复制通道后，为了增强反差对比，在菜单栏中执行"图像"→"调整"→"色阶"命令，如图 5-3-18 所示	图 5-3-18　执行"色阶"命令

续表

序号	操作步骤及关键点	操作标准
6	使用"色阶"对话框中的"白场吸管工具"在背景上单击，以定义白场，如图 5-3-19 所示	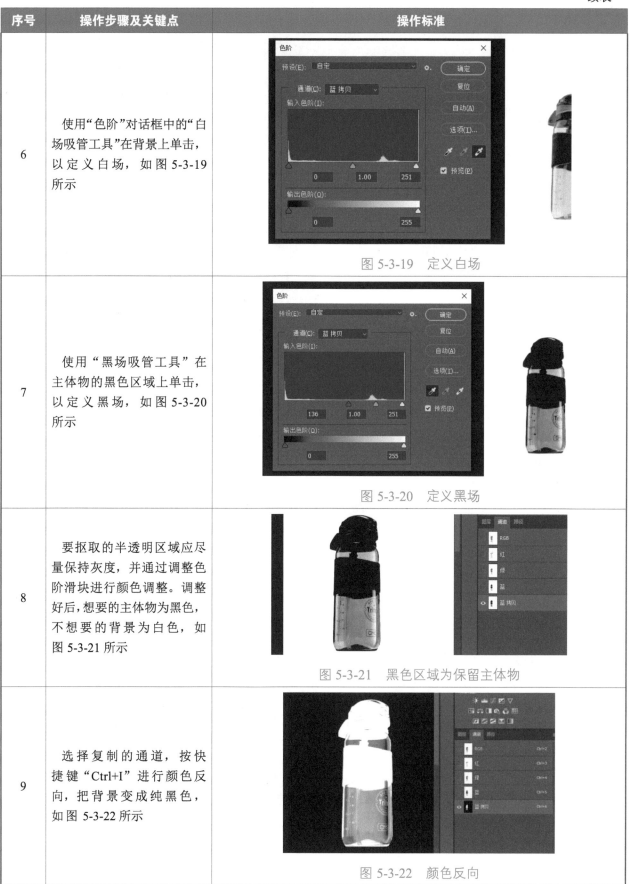图 5-3-19 定义白场
7	使用"黑场吸管工具"在主体物的黑色区域上单击，以定义黑场，如图 5-3-20 所示	图 5-3-20 定义黑场
8	要抠取的半透明区域应尽量保持灰度，并通过调整色阶滑块进行颜色调整。调整好后，想要的主体物为黑色，不想要的背景为白色，如图 5-3-21 所示	图 5-3-21 黑色区域为保留主体物
9	选择复制的通道，按快捷键"Ctrl+I"进行颜色反向，把背景变成纯黑色，如图 5-3-22 所示	图 5-3-22 颜色反向

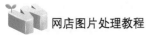网店图片处理教程

续表

序号	操作步骤及关键点	操作标准
10	如果想要的主体物并不是全白的，还有一些杂色，则可以使用左侧工具栏中的"减淡工具"（见图5-3-23）进行调整，以达到减淡主体颜色的效果。在"减淡工具"的工具属性栏中将"范围"设置为"高光"，并适当调整"曝光度"的数值，如图5-3-24所示	图 5-3-23　选择"减淡工具" 图 5-3-24　调整"曝光度"的数值
11	当想要的主体物变成了纯白色，背景变成了纯黑色，而半透明的区域依旧呈现灰色时，载入选区，按住"Ctrl"键，单击复制通道的缩略图，如图5-3-25所示	图 5-3-25　单击复制通道的缩略图
12	载入选区后，全选上方4个白底通道图层，如图5-3-26所示	图 5-3-26　选择白底通道图层
13	在"图层"面板中，选择需要添加蒙版的图层，单击"添加蒙版"按钮，即可为图层添加蒙版，如图5-3-27所示	图 5-3-27　添加蒙版

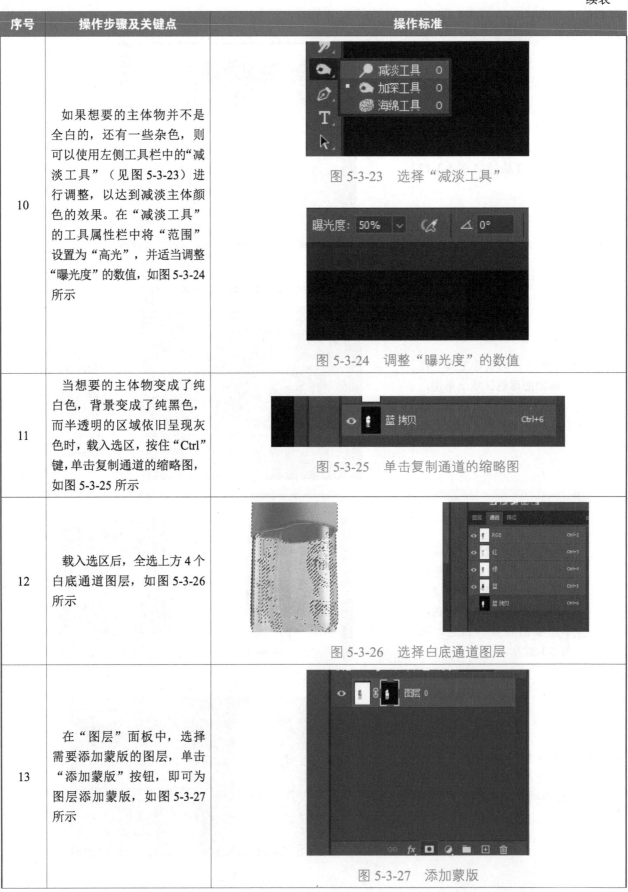

续表

序号	操作步骤及关键点	操作标准
14	此时，Photoshop 软件会自动将背景去除，只保留主体物，如图 5-3-28 所示	图 5-3-28　完成抠图后的主体物
15	给半透明的主体物自由更换背景，如图 5-3-29 所示	图 5-3-29　更换背景

✉ **任务评价**

请围绕评价内容，根据实践活动过程及活动实践结果的记录，进行学生自评与教师点评，并填写表 5-3-1。

表 5-3-1　精准抠取图像评价表

评价内容		分值	评价	
			学生自评	教师点评
任务 5.3	理解"钢笔工具"的操作要点，能够使用"钢笔工具"抠取 2 张形状不规则的图像	30 分		
	能够使用通道进行毛发抠图，并使用 2 种方式对毛发进行优化，以获得更加真实的效果	30 分		
	了解 Alpha 通道的原理和使用方法，并使用 Alpha 通道抠取 2 张半透明材质的图像	40 分		

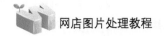

 任务拓展

茶文化是我国优秀传统文化的重要组成部分。由于茶叶曾是历史上"丝绸之路"的主力军，因此对世界文化和经济产生过深远影响。某茶企为了迎接 5 月 21 日国际茶日的到来，需要制作电商平台设计物料，请通过本任务所学内容，对以下素材图像进行精准抠取。

具体要求如下。

（1）将文件一（见图 5-3-30）导入 Photoshop 软件中，使用通道和边缘调整的技巧，对人物背影进行精准抠图。

（2）将文件二（见图 5-3-31）导入 Photoshop 软件中，使用 Alpha 通道抠取半透明材质茶杯。

（3）将文件三（见图 5-3-32）导入 Photoshop 软件中，使用"钢笔工具"将茶杯区域从花色背景中进行精准抠取。

（4）完成 3 个文件的抠图后，在相应的 PSD 文件中创建新图层，填充背景色，并根据抠图效果继续优化抠图文件，以获得更加清晰、准确的素材图像。

图像文件	图片详情
文件一	图 5-3-30　人物背景图
文件二	图 5-3-31　茶杯素材
文件三	图 5-3-32　茶具素材

模块六

传达促销信息——文字工具的应用

🔔 典型任务描述

在网店运营中，时常需要策划各种活动，如促销、节日庆典等。尽管这些活动的形式和内容千差万别，但都离不开文字的巧妙运用。随着时代的进步，文字的角色也在发生着微妙的改变。对网店来说，文字不仅是传递信息的工具，还是重要的视觉元素，广泛应用于网店页面设计、宣传海报、商品图片等各种场景。不同的文字会为网店带来不同的视觉效果，如时尚、稳重、可爱和复古等。因此，选择合适的文字变得至关重要。我们不仅需要根据网店自身的需求和风格，合理挑选和运用文字，还需要在排版过程中关注文字的位置、行间距、字间距，以及文字大小等细节设置。对于重点信息，我们可以通过添加文字特效，或者以图案方式来增强其视觉冲击力，从而引起消费者的兴趣和注意，激发他们的购买欲望。

🔔 模块知识地图

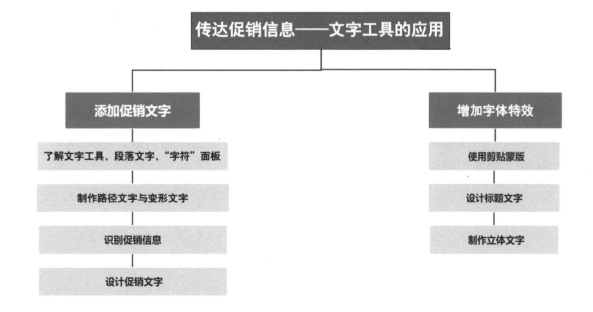

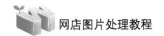

任务 6.1 添加促销文字

 任务目标

- 知识目标：（1）了解促销文字的设计与制作流程。
  - （2）掌握文字工具、段落文字、"字符"面板、路径文字、变形文字的操作要点和使用方法。
  - （3）能够识别促销信息，选择相应工具添加促销文字。
- 能力目标：（1）能够使用文字工具添加常规段落文字。
  - （2）能够灵活运用"字符"面板编辑文字格式。
  - （3）能够快速、准确地识别出图片中的促销信息。
- 素质目标：具备版权意识和法律思维，合理合法地编辑文字。

 任务实践

文字作为人类文化的重要载体，在人类的社会发展中发挥着至关重要的作用。随着社会的不断发展，文字的功能已经逐渐渗透到视觉设计领域，不仅可以用来传递信息，还可以用来提升视觉效果，为网店的形象和风格打造提供有力支持。因此，在网店视觉设计中，文字设计成为决定性因素，其质量直接决定了网店的视觉效果，进而影响消费者对网店的整体印象。在平面设计领域，文字设计也占据着举足轻重的地位。随着图像处理软件（如Photoshop）的不断升级，文字处理功能得到了极大的增强。设计者通过文字工具和"字符"面板可以设计出更具视觉冲击力的文字样式，并呈现出更加丰富多样的文字效果。这不仅为设计者提供了更多的创作可能性，还进一步推动了文字在视觉设计中的发展和应用。

1. 了解文字工具、段落文字、"字符"面板

Photoshop 软件的文字工具允许用户添加文本到图像中，并对文本进行各种编辑和样式设置。而"字符"面板是用于管理文本样式和字符属性的工具。请阅读下面的知识链接，了解文字工具与"字符"面板。

 知识链接

文字工具与"字符"面板认知

文字工具是用于在图像中添加文字的软件工具。在 Photoshop 软件中，文字工具可以分为 4 种："横排文字工具"、"直排文字工具"、"横排文字蒙版工具"和"直排文字蒙版工具"。这些工具都可以在画布上创建和编辑文字。

（1）"横排文字工具"：文字工具的默认方式，可以输入横排文字。

（2）"直排文字工具"：可以输入直排文字。

（3）"横排文字蒙版工具"：输入的为横排文字的选区。

（4）"直排文字蒙版工具"：输入的为直排文字的选区。

"字符"面板是用于设置和编辑文字属性的面板。在创建文字后，使用"字符"面板可以调整文字的属性，如字体、字体样式、字体大小、行距、字距微调、字距调整、比例间距、水平缩放、垂直缩放、基线偏移等。此外，还可以设置仿粗体、仿斜体、全部大写、小型大写字母、上标、下标、下画线、删除线等格式。

在文字视觉设计中，文字属性的设置是非常重要的。通过改变文字的字体、字号、颜色等属性，可以让文字更加醒目、美观，从而提升整体的视觉效果。通过调整文字的粗细、字距等属性，可以让文字更加清晰、易读，从而提高文字的可读性。在了解文字工具、"字符"面板、段落文字后，我们可以使用 Photoshop 软件进行文字属性的设置。

设置文字属性的操作步骤及关键点如下。

序号	操作步骤及关键点	操作标准
1	打开 Photoshop 软件，新建一个文档，在工具栏中找到 T 字形状的按钮并右击，显示文字工具组中的所有工具，如图 6-1-1 所示	图 6-1-1　文字工具组
2	在文档中按住鼠标左键进行拖动，创建一个矩形文本框。在文本框中输入文本内容，文字在此文本框中会自动换行，适合大段的文本内容，如图 6-1-2 所示	图 6-1-2　段落文字编辑

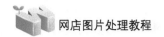

续表

序号	操作步骤及关键点	操作标准
3	在菜单栏中执行"窗口"→"字符"命令，打开"字符"面板，设置字体、字体样式、字体大小、字体颜色、文本间距等属性。在"字符"面板的字体下拉列表中，选择所需的字体；使用字体大小选项来调整文字的大小；单击"字符"面板中的颜色按钮，弹出"拾色器（文本颜色）"对话框，使用调色板或输入颜色码来选择所需的颜色，单击"确定"按钮，即可修改文本的颜色，如图 6-1-3 所示；单击面板中的"仿粗体""仿斜体""下画线"等按钮来设置字体样式；设置行间距和字间距，以调整文本之间的垂直和水平间距	 图 6-1-3　"字符"面板操作

　　通过设置"字符"面板中的属性可以实现不同的设计效果，让文字整体的视觉效果更佳。此外，Photoshop 软件提供了一系列与文字相关的功能和技巧，如文字处理、文字描边、文字变形等。熟练掌握并灵活使用这些功能，可以为设计带来更多的创作可能性。

2. 制作路径文字与变形文字

　　路径文字与变形文字都是视觉设计中常用的设计元素，用来增强设计的创意和艺术感，在网店视觉设计工作中较为常见。请阅读下面的知识链接，了解路径文字与变形文字的原理。

路径文字与变形文字的原理

　　在 Photoshop 软件中，路径是一种绘图方式，也是由多个节点的矢量线条构成的图形。更确切地说，路径是由贝塞尔曲线构成的图形，主要用于勾画图像区域的轮廓。用户可以对路径进行填充和描边，也可以将其转换为选区。因为路径是矢量线条构成的图形，所以在缩小或放大时不会影响它的分辨率和平滑度。在 Photoshop 软件中，路径可以用于绘制矢量图形，而路径文字则可以沿着路径绘制出各种样式的文字，适用于制作具有特殊效果的文字设计。使用路径文字，可以将文字与形状或线条结合，创造出独特的视觉效果。

　　路径文字通常用于制作具有特殊艺术效果的文字设计，并通过改变文字的形状、大小、角度等属性来实现。例如，使用路径文字可以制作沿着路径扭曲的文字、放射状的文字等。变形文字通常用于制作更加动态、活泼的文字效果，如制作标题或标志等。

变形文字的种类

总之，路径文字与变形文字的原理主要是基于图形路径和文字变形的技术，使用各种工具和面板进行操作和设置，从而制作出各种独特、有创意的设计作品。

在了解路径文字与变形文字后，我们需要使用 Photoshop 软件对路径文字进行设计。制作路径文字的操作步骤及关键点如下。

序号	操作步骤及关键点	操作标准
1	首先新建一个空白的画布，然后选中左侧工具栏中的"钢笔工具"，如图6-1-4所示	图 6-1-4 选择"钢笔工具"
2	在画布上随意绘制路径，如图6-1-5所示	图 6-1-5 绘制路径

续表

序号	操作步骤及关键点	操作标准
3	选择文字工具，如图 6-1-6 所示，将鼠标指针移到路径上时会出现路径样式	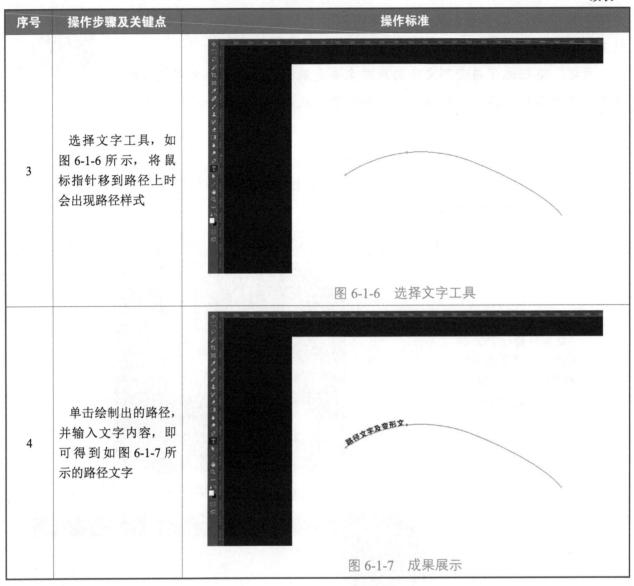 图 6-1-6　选择文字工具
4	单击绘制出的路径，并输入文字内容，即可得到如图 6-1-7 所示的路径文字	路径文字及变形文. 图 6-1-7　成果展示

操作要领

制作路径文字的常规操作步骤如下。

（1）打开 Photoshop 软件，创建一个新的文档。

（2）在左侧工具栏中选择"钢笔工具"，在画布上随意绘制路径。

（3）在工具栏中选择"文字工具"。

（4）在将鼠标指针移到绘制的路径上时会出现路径样式，单击绘制出的路径，并输入文字内容，即可得到路径文字。

（5）如果需要调整路径文字的形状，则可以选择"直接选择工具"并单击路径的锚点进行调整。

（6）保存为想要的格式，如 JPEG、PNG 等。

　　在实际的设计工作中，除了路径文字，还可使用变形文字工具对文字进行处理。下面请根据变形文字的操作，了解如何设计变形文字。

　　制作变形文字的操作步骤及关键点如下。

序号	操作步骤及关键点	操作标准
1	在工具栏中选择"横排文字工具"，在文档中按住鼠标左键进行拖动，创建一个文本框，并在该文本框中输入想要变形的文字。输入文字以后，在"横排文字工具"属性栏中单击"创建文字变形"按钮，如图 6-1-8 所示	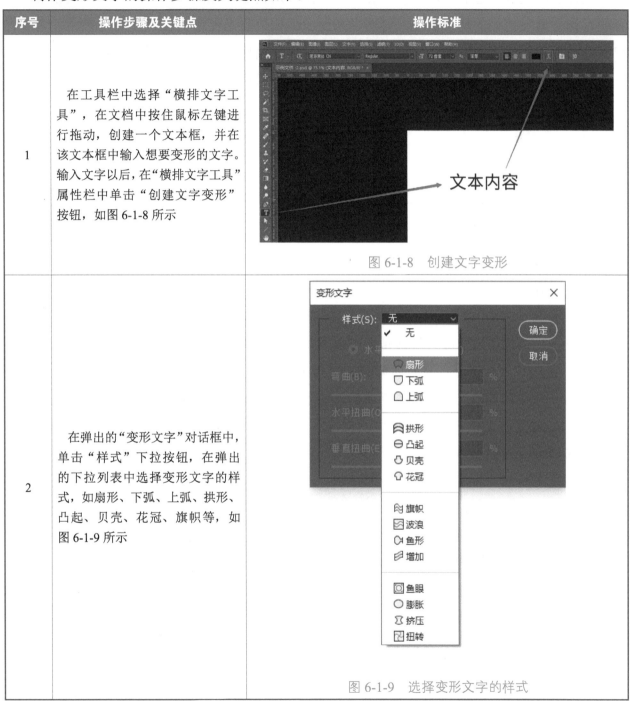 图 6-1-8　创建文字变形
2	在弹出的"变形文字"对话框中，单击"样式"下拉按钮，在弹出的下拉列表中选择变形文字的样式，如扇形、下弧、上弧、拱形、凸起、贝壳、花冠、旗帜等，如图 6-1-9 所示	图 6-1-9　选择变形文字的样式

　　虽然路径文字和变形文字都可以用来处理文字，但是它们的应用方式和效果有所不同。在实际的设计工作中，我们可以根据需要选择合适的工具来处理文字，以达到最佳的设计效果。

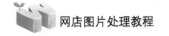

3. 识别促销信息

为了吸引消费者购买商品或服务，网店通常会发布各种促销活动、优惠信息、限时特价等促销信息。这些信息通常以图片、文字、视频等形式展示在网店的页面上，用来吸引消费者的目光并激发他们的购买欲望。对网店来说，促销信息是促进销售、提高销售额、增加客户黏性和扩大品牌影响力的重要手段。在设计网店促销信息前，需要明确促销信息的内容或呈现方式。请阅读下面的知识链接，了解促销信息的识别方法。

知识链接

促销信息的识别方法

促销信息的识别

1）根据促销信息的特征识别

（1）关键词识别：检查商品标题、描述和标签中的关键词。促销信息通常包含清仓、折扣、特价等词语，因此通过查找这些关键词可以迅速确定店铺是否存在促销。

（2）价格比较：比较商品的原价和促销价。促销信息经常涉及价格的优惠或折扣，通过查看商品的价格信息可以判断是否有促销活动。

（3）特殊符号和图标：网店通常使用特殊符号和图标来标识促销信息，如打折标志、闪光标志、特殊标签等。检查商品页面的这些符号和图标可以判断是否存在促销信息。

（4）促销页面或专区：在网店中，促销信息通常会在专门的促销页面或专区中展示。浏览网店的顶部导航栏或底部菜单，查找类似特价、折扣、特惠等页面链接或标签，这些页面通常是促销活动和商品集中展示的区域。

2）根据促销信息的位置识别

（1）网店主标题文字：主标题通常位于网店首页或商品分类页面的顶部，用来吸引用户的注意并传达主要信息。主标题文字中可能会包含一些促销信息或关键词（例如，新品发售9折！），让消费者知道网店目前正在进行促销活动。

（2）副标题文字：副标题通常位于主标题文字下方或商品标题中，用来更详细地描述促销信息。副标题文字中可以包含促销的具体内容（例如，反季清仓、捡漏等），用来强调促销的特点和优势，引导消费者进行查看。

（3）正文内容：通常在商品详情页或促销活动页面中展示，用来详细描述商品信息和促销详情。正文内容中可以包含促销活动的时间和日期（例如，夏季爆款限时专区），促销活动的折扣或优惠（例如，下单享受8折立减优惠），促销活动的条件或限制（例如，发生退货不满足条件，则不享受优惠）等。正文内容通常提供了更具体的促销信息和购买指南，帮助消费者了解促销活动的具体细节。

（4）促销标签：为了突出促销商品或特别优惠，网店通常会给这些商品添加促销标签或特殊标识。促销标签可以是特殊的图标、颜色或文字标签，用于吸引用户的注意。

4. 设计促销文字

在海报设计中，促销文字非常重要。优秀的促销文字可以引起消费者的关注，从而提高商品的转化率。请阅读下面的知识链接，了解促销文字的设计与制作流程。

知识链接

促销文字的设计与制作流程

1）定义目标

设计促销文字首先需要明确促销文字设计的目标和目的，确定想要传达的信息、促销的商品或服务，以及希望达到的结果。目标可以是促进销售、提升品牌知名度、提高用户参与度等。

2）研究目标受众

了解目标受众的需求、喜好和行为习惯可以帮助设计者选择适当的语言风格、视觉元素和呈现方式，以吸引目标受众并与目标受众建立连接。

3）制定核心信息

确定要在促销文字中传达核心信息。核心信息应该简洁明了，能够准确表达促销优势和价值，激发目标受众的兴趣和欲望。

促销文字的设计
与制作流程

4）设计视觉元素

选择适当的配色方案、字体风格，以及图像或图形元素，以支持促销信息的传达，确保文字清晰可读，并与背景及其他元素形成良好的视觉对比。

5）选择合适的文字排版

设计良好的文字排版是确保促销文字易于阅读和理解的关键。选择适当的字号、行间距和字距，使文字在不同媒体上都能获得最佳展示效果。

6）编写引人入胜的文案

编写引人入胜的文案来吸引目标受众的注意，使用简洁、具体和吸引人的语言，突出商品特点和促销优势。

在了解促销文字的设计流程后，我们可以开始进行促销文字的设计与制作。

制作促销文字的操作步骤及关键点如下。

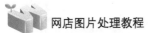

网店图片处理教程

序号	操作步骤及关键点	操作标准
1	选择"横排文字工具",输入编写好的促销文字,如图 6-1-10 所示	图 6-1-10　输入文字
2	按照设想的画面,调整它们的大小和位置,如图 6-1-11 所示	图 6-1-11　调整大小和位置
3	调整好后,使用"矩形工具"为"新品折扣、金秋约会"文字添加底框,按快捷键"Ctrl+T",在底框上右击,在弹出的快捷菜单中执行"斜切"命令,使底框倾斜,如图 6-1-12 所示	图 6-1-12　添加底框并倾斜

续表

序号	操作步骤及关键点	操作标准
4	在底框图层上右击，在弹出的快捷菜单中执行"混合选项"命令，为底框分别添加"渐变叠加"效果（颜色码为f5cb1e、f29118和e42d5c、f29d88）和"投影"效果，如图6-1-13所示	 图6-1-13　添加"渐变叠加"和"投影"效果
5	按快捷键"Ctrl+T"，将文字与底框调整到合适的大小与位置，并链接图层（按住"Ctrl"键，单击需要链接的图层并右击，在弹出的快捷菜单中执行"链接图层"命令），方便后续移动，如图6-1-14所示	 图6-1-14　调整文字与底框并链接图层
6	使用"矩形工具"，将圆角半径设置为10像素，为"满300减50，够你尽情逛"文字添加底框，使用与前面相同的方法，将底框倾斜，如图6-1-15所示	 图6-1-15　将底框倾斜

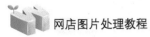

续表

序号	操作步骤及关键点	操作标准
7	为底框添加"渐变叠加"效果（颜色码为f5cb1e、f29118）和"描边"效果，如图6-1-16所示	 图 6-1-16　为底框添加"渐变叠加"效果和"描边"效果
8	为"错过一次 再等一年"文字添加底框，为底框添加"描边"效果，其中描边颜色为ffffff，描边大小为3像素，如图6-1-17所示	 图 6-1-17　再次添加底框
9	调整整体的大小和位置，制作完成的促销文字如图6-1-18所示	 图 6-1-18　制作完成的促销文字

在上述海报中，"满 300 减 50，够你尽情逛"是促销文字的核心信息，位于最显眼的中间位置，让消费者一眼就可以看到；"错过一次 再等一年"是行动性口号，给消费者一种现在不买就错过了，快去看看的心理暗示；而最下面的"购物抽奖 / 精美礼品 / 新品折扣"则是通过简洁的语言，对促销中的具体活动进行了概述。

 任务评价

请围绕评价内容，根据实践活动过程及活动实践结果的记录，进行学生自评与教师点评，并填写表 6-1-1。

表 6-1-1　添加促销文字评价表

评价内容		分值	评价	
			学生自评	教师点评
任务 6.1	能够掌握文字工具与"字符"面板的使用方法，并进行三段文字的编辑	20 分		
	能够掌握路径文字与变形文字的制作方法，分别制作一种文字	20 分		
	能够识别并提取两家网店的页面促销信息	20 分		
	能够综合使用多种工具，设计并制作两种促销文字	40 分		

 任务拓展

茶在中国有着深厚的文化底蕴，当作为礼物赠送时体现了送礼人的心意和对收礼人的尊重。春节期间，人们通常会准备一些礼品来拜访亲朋好友。这时，送茶被认为是一种有文化内涵的选择。红茶、熟普洱茶、乌龙茶等暖性茶常被选作春节礼品，因为它们不仅适合冬季饮用，还能营造红红火火的新年气氛。因此，春节期间，茶叶网店大多会举办年货节活动。请根据本任务所学的添加促销文字的相关知识与技能，在促销海报的背景图上，为某茶叶网店设计年货节海报的促销文字。

具体要求如下。

（1）新建一个宽度为 1200 像素，高度为 1920 像素，分辨率为 72 像素 / 英寸，颜色模式为 RGB 颜色的文档。

（2）将文件（见图 6-1-19）导入 Photoshop 软件的新建文档中，在图片的上半部分，为该年货节海报添加促销文字。

（3）促销文字需要包含标题文字、活动时间、促销文案信息等。例如，标题文字为"暖心茶礼"；活动时间为 2023.12.20—2024.1.20；促销文案为"全场商品满 200 减 50"。

（4）要求整体文字与画面和谐统一，促销氛围感强。

图像文件	图片详情
文件	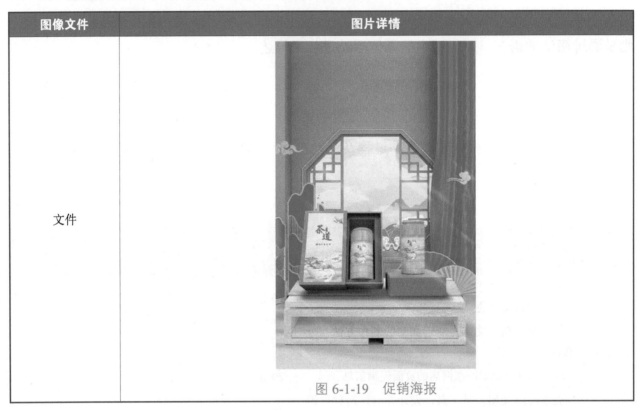 图 6-1-19　促销海报

任务 6.2　增加字体特效

 任务目标

- 知识目标：（1）了解剪贴蒙版的原理。

  （2）理解标题文字特效的设计原则，熟悉标题文字的设计与制作流程。

  （3）掌握剪贴蒙版、3D 功能的操作要点与使用方法。

  （4）能够根据促销信息综合使用各种工具增加字体特效。

- 能力目标：（1）能够使用剪贴蒙版实现对文字特效的设计。

  （2）能够根据所给出的工具对设计出的文字特效进行编辑。

  （3）能够个性化设计不同促销类型所适用的字体特效。

- 素质目标：提升对文字的审美能力，在字体的使用中强化版权意识。

任务实践

随着电商行业的持续发展，传统文字已经无法满足所有的设计需求。具有特殊效果的文字逐渐受到设计师们的喜爱，因为它们可以有效地增强商品标题、促销信息和其他文字内容的视觉吸引力。这些特效文字不仅有助于吸引消费者的注意，还能提高点击率和转化率。借助 Photoshop 软件中的剪贴蒙版和 3D 功能，设计者可以轻松地赋予文字特殊效果，从而全面提升文字的视觉冲击力。这些创新的设计手法为网店增添了更多的创意和吸引力，同时使商品信息的传递更加高效，为电商行业的繁荣发展注入了新的活力。

1. 使用剪贴蒙版

剪贴蒙版也被称为剪贴组，是 Photoshop 软件中较为常用的图像处理命令，通过处于下方图层的形状来限制上方图层的显示状态，从而达到剪贴画的效果。简单来说，使用剪贴蒙版可以将一个图层的显示内容限制在另一个图层的形状范围内。在 Photoshop 软件中，剪贴蒙版可以用来创建各种文字特效。将图像或纹理裁剪到文字形状中，可以实现各种有趣和独特的效果。请仔细阅读下面的知识链接，了解剪贴蒙版的基本知识。

知识链接

剪贴蒙版的基本知识

Photoshop 软件中的剪贴蒙版可以用于抠图，制作一些具有特殊效果的图片，如图 6-2-1 所示。选择一个形状，在上面可以插入一张图片，创建剪贴蒙版后可以直接为图片图层附加一个图层蒙版，并对其进行自由的绘制。剪贴蒙版的作用不可简单地理解为遮挡或蒙盖，其作用范围比一般的图层蒙版要更加宽泛，可以理解为一种影响。

▲
剪贴蒙版的原理

图 6-2-1 剪贴蒙版效果

想要理解剪贴蒙版的作用原理，需要把握一个基本点，即基层是整个图层群体的代表。剪贴蒙版本身什么属性也没有，上面所标记的各种属性都是包括基层和所有上方图层在内的图层群体所共有的属性。因此，基层上方图层的显示内容会根据基层的形状进行调整，

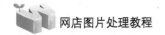

从而呈现出一种剪贴画的效果。

　　剪贴蒙版的操作需要符合一定的流程，因为错误的操作可能会使最终呈现的效果大打折扣。

　　在使用剪贴蒙版创建文字特效时，需要遵循一定的步骤。请仔细阅读下面的操作要领，了解使用剪贴蒙版创建文字特效的步骤。

 操作要领

使用剪贴蒙版创建文字特效的步骤如下。

（1）创建一个新文档或打开现有的文档。

（2）使用文字工具在文档中创建一个文本图层，并输入想要应用特效的文字。

（3）在"图层"面板中，确保文本图层处于下方。

（4）在文本图层的上方创建一个图层，确保其位于文本图层的上方。

（5）在创建的图层中添加想要裁剪到文字中的图像或纹理。这可以是一个形状、一个图像或其他内容。

（6）确保选择顶部图层，在菜单栏中执行"图层"→"创建剪贴蒙版"命令，或者按快捷键"Alt＋Ctrl＋G"。

（7）顶部图层现在被裁剪为文字形状，并且只显示在文本范围内，文字效果如图6-2-2所示。

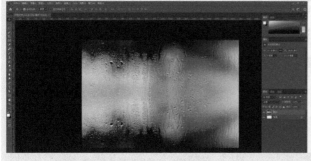

图 6-2-2　文字效果

　　将不同的图像或纹理作为顶部图层，以创建多种不同的文字特效。例如，将火焰图像裁剪到文字中，创建火焰字体效果（见图6-2-3）；将草地纹理裁剪到文字中，创建草地纹理的字体效果（见图6-2-4）等。

火焰字体

图 6-2-3　火焰字体效果

天道酬勤

图 6-2-4 草地纹理的字体效果

2. 设计标题文字

标题是消费者浏览网店各种信息时最先接触到的内容，是消费者判断商品是否符合自己需求的重要依据。优秀的标题文字可以在转瞬之间吸引消费者的眼球，激发他们的好奇心，是提升网店点击量和商品转化率的重要媒介。设计优秀的标题文字需要遵守一定的流程或规范，请仔细阅读下面的知识链接，明确标题文字的设计要点。

知识链接

标题文字的设计要点

标题文字的设计与制作流程

1）分析目标受众

在制作标题文字时，首先需要了解店铺的目标受众，分析他们的喜好、价值观和特点等，以选择最佳的设计风格和语言调性。

2）创意与概念设计

通过头脑风暴等方式，尝试不同的创意和概念，经过团队之间的商量讨论，确定最引人注目的内容。

3）字体选择

在确定好内容后，需要综合考虑字体的风格、可读性和适应性，选择与品牌形象或促销活动风格一致的字体。

4）排版和布局

在确定好字体后，需要确定标题的排列方式和布局，应综合考虑字号、行距、行高和字间距等因素，以确保标题清晰可读，结构稳定。

5）颜色选择

标题文字的颜色应与呈现的场景和整体颜色搭配，需要考虑色彩带给人们的情绪和价值，合理选择标题文字的颜色。

在了解标题文字后，我们可以借助 Photoshop 软件对标题文字进行制作。

制作标题文字的操作步骤及关键点如下。

序号	操作步骤及关键点	操作标准
1	新建宽度为800像素，高度为800像素，分辨率为72像素/英寸的文档，如图6-2-5所示	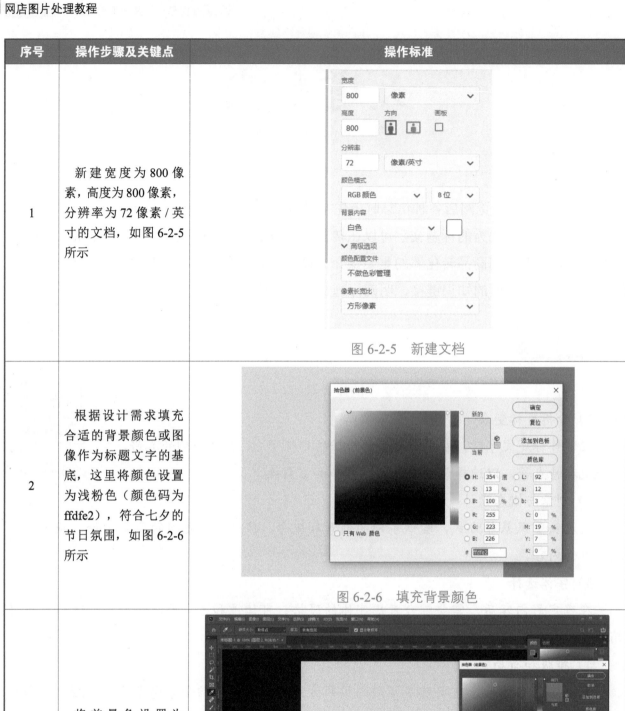 图 6-2-5　新建文档
2	根据设计需求填充合适的背景颜色或图像作为标题文字的基底，这里将颜色设置为浅粉色（颜色码为ffdfe2），符合七夕的节日氛围，如图6-2-6所示	图 6-2-6　填充背景颜色
3	将前景色设置为深粉色（颜色码为e87e88），使用"横排文字工具"，输入文字内容"浪漫七夕为爱献礼"，如图6-2-7所示	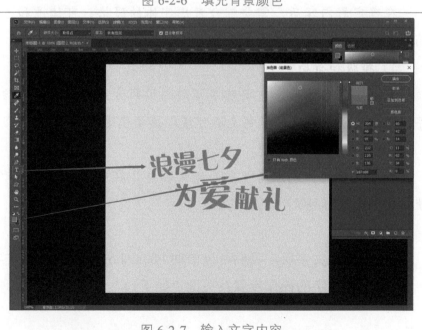 图 6-2-7　输入文字内容

序号	操作步骤及关键点	操作标准
4	选择符合本次海报主题和设计要求的字体。根据需要调整文字的大小、间距、行距和颜色，以确保文字在引人注目的前提下清晰可读，如图6-2-8所示	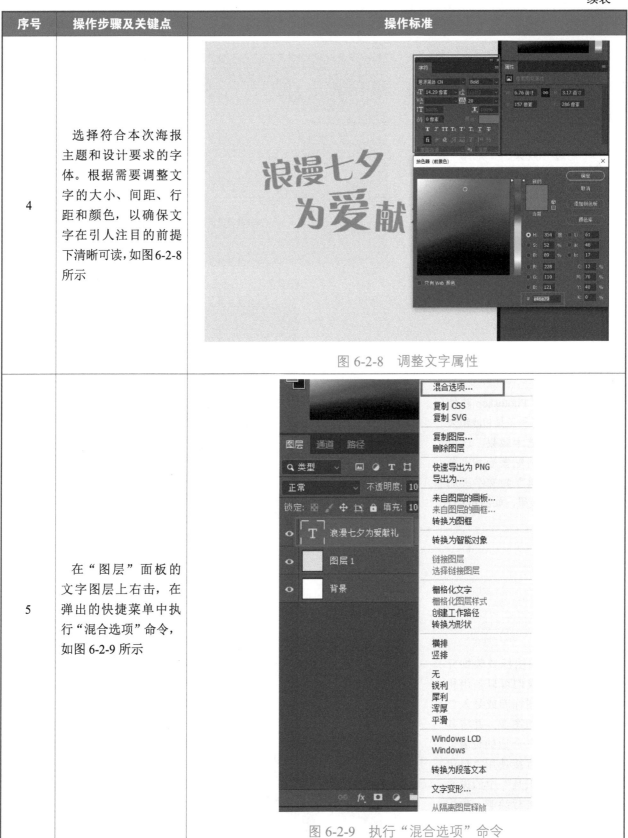图 6-2-8　调整文字属性
5	在"图层"面板的文字图层上右击，在弹出的快捷菜单中执行"混合选项"命令，如图6-2-9所示	图 6-2-9　执行"混合选项"命令

序号	操作步骤及关键点	操作标准
6	这里为文字添加"描边"效果、"光泽"效果和"投影"效果，如图6-2-10所示	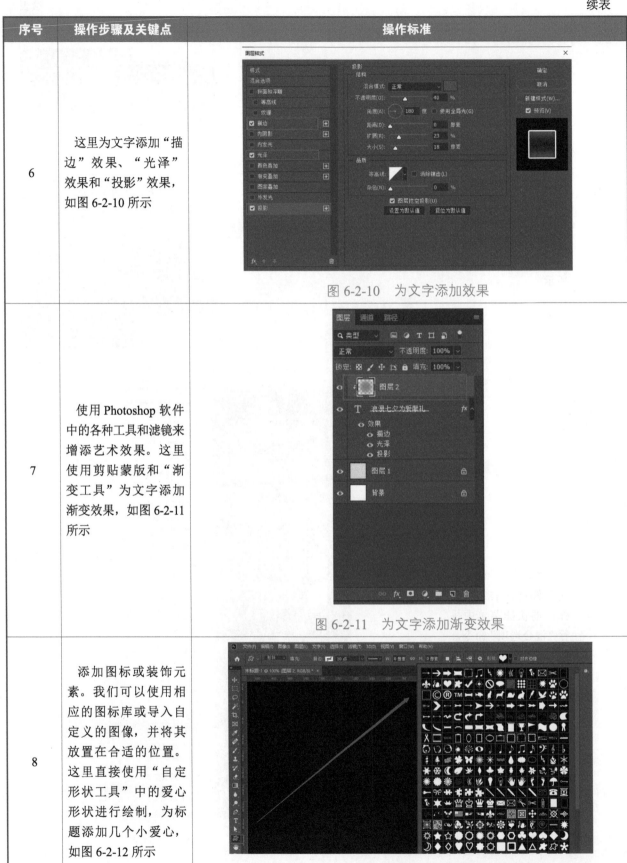

图 6-2-10　为文字添加效果

| 7 | 使用 Photoshop 软件中的各种工具和滤镜来增添艺术效果。这里使用剪贴蒙版和"渐变工具"为文字添加渐变效果，如图6-2-11所示 | |

图 6-2-11　为文字添加渐变效果

| 8 | 添加图标或装饰元素。我们可以使用相应的图标库或导入自定义的图像，并将其放置在合适的位置。这里直接使用"自定形状工具"中的爱心形状进行绘制，为标题添加几个小爱心，如图6-2-12所示 | |

图 6-2-12　添加小爱心

续表

序号	操作步骤及关键点	操作标准
9	制作完成的标题文字，如图6-2-13所示	（图示） 图 6-2-13　成品效果

3. 制作立体文字

立体文字是一种具有立体感的文字效果，可以增加文字的视觉冲击力和表现力，使文字看起来更加生动、有趣和吸引人。

知识链接

立体文字的原理与应用

立体文字是指通过特殊的字体设计，使文字呈现出三维立体的效果，具有很强的视觉冲击力和艺术感，可以达到突出主题、引人注目、提高视觉传达能力的效果。立体文字的设计方法多种多样，包括立体投影、立体叠加、立体扭曲等。设计师可以根据具体需求和设计理念选择合适的方法，从而创造出具有独特魅力的立体文字。在制作立体文字时，一般需要借助设计软件（如 Photoshop、Illustrator 等），通过调整文字的形状、颜色、阴影等参数来实现立体效果，也可以借助 3D 软件进行建模和渲染，以制作更为精细的立体文字。

立体文字的制作

立体文字在视觉设计中被广泛使用，尤其是在电商领域中，需要使用各种视觉元素来吸引消费者的注意，提高销售量。立体文字作为一种具有创意和艺术感的设计元素，可以突出商品特点，提升品牌形象，吸引消费者的眼球。例如，在电商网站的轮播海报中，立体文字可以用来突出商品的卖点、优势，或者用来强调品牌的名称、口号；在商品详情页中，立体文字可以用来提升商品的形象，提高商品的识别度和记忆性。

在了解立体文字后，我们可以使用 Photoshop 软件对立体文字进行制作。

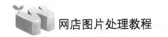

制作立体文字的操作步骤及关键点如下。

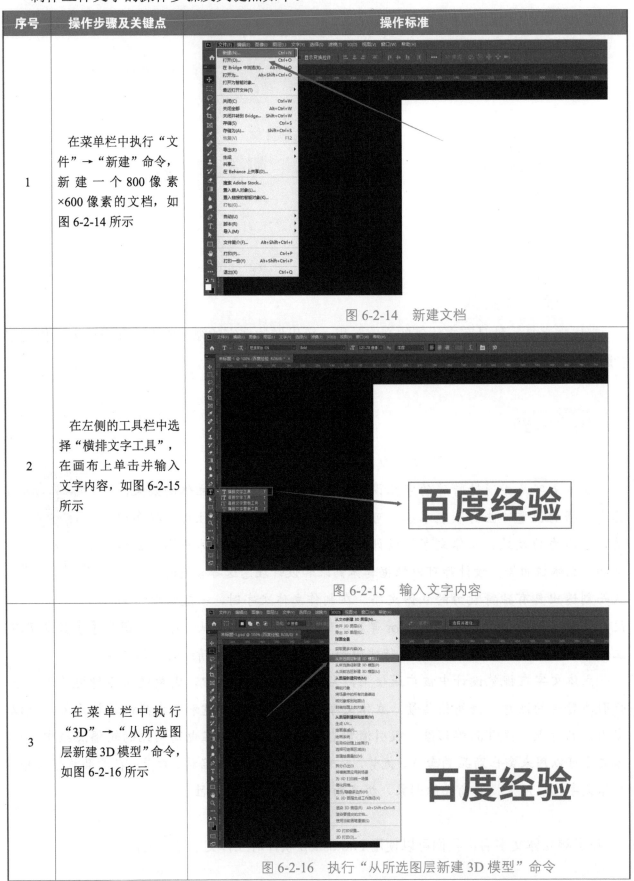

序号	操作步骤及关键点	操作标准
1	在菜单栏中执行"文件"→"新建"命令，新建一个 800 像素×600 像素的文档，如图 6-2-14 所示	图 6-2-14　新建文档
2	在左侧的工具栏中选择"横排文字工具"，在画布上单击并输入文字内容，如图 6-2-15 所示	图 6-2-15　输入文字内容
3	在菜单栏中执行"3D"→"从所选图层新建 3D 模型"命令，如图 6-2-16 所示	图 6-2-16　执行"从所选图层新建 3D 模型"命令

续表

序号	操作步骤及关键点	操作标准
4	在弹出对话框中单击"是"按钮，如图6-2-17所示	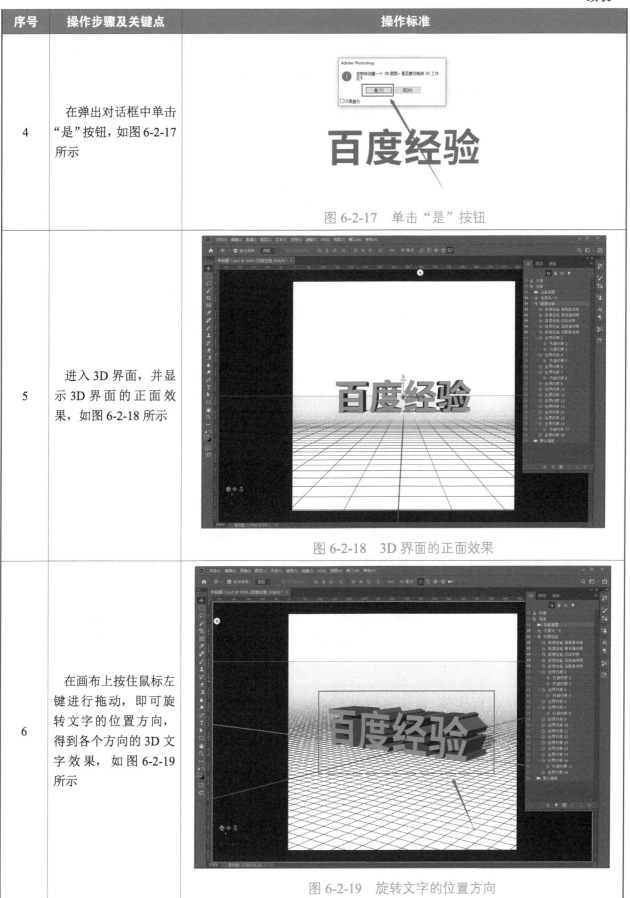图 6-2-17　单击"是"按钮
5	进入 3D 界面，并显示 3D 界面的正面效果，如图 6-2-18 所示	图 6-2-18　3D 界面的正面效果
6	在画布上按住鼠标左键进行拖动，即可旋转文字的位置方向，得到各个方向的 3D 文字效果，如图 6-2-19 所示	图 6-2-19　旋转文字的位置方向

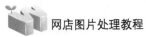

网店图片处理教程

续表

序号	操作步骤及关键点	操作标准
7	在"3D"面板中，通过单击灯泡样式的按钮来调整光源的灯光。在图像窗口中，通过拖动操作杆来调节灯光的位置，此时阴影会随着灯光发生变化，如图6-2-20所示	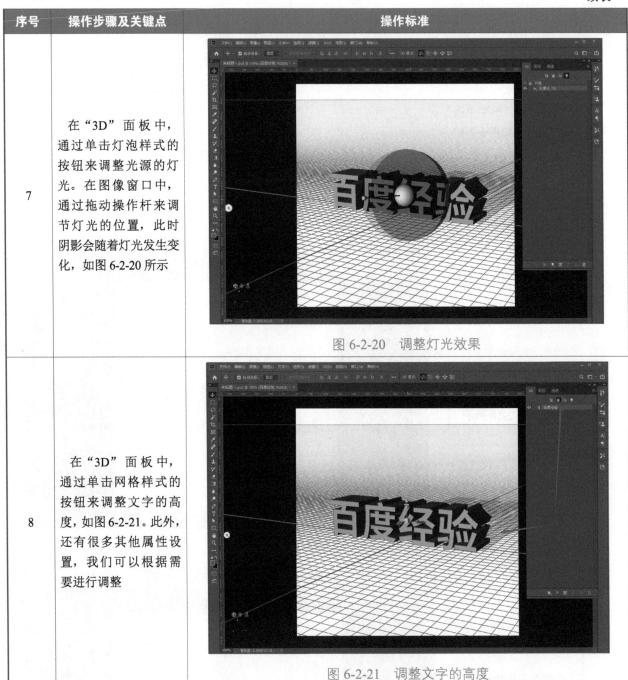 图 6-2-20　调整灯光效果
8	在"3D"面板中，通过单击网格样式的按钮来调整文字的高度，如图6-2-21。此外，还有很多其他属性设置，我们可以根据需要进行调整	图 6-2-21　调整文字的高度

立体文字除了可以使用 3D 功能制作，还可以通过其他方式来制作。请根据以下操作，学习如何通过图层来制作立体文字。

使用图层制作立体文字的操作步骤及关键点如下。

序号	操作步骤及关键点	操作标准
1	打开 Photoshop 软件，新建一个宽度为 800 像素，高度为 600 像素，分辨率为 72 像素 / 英寸的文档，如图 6-2-22 所示	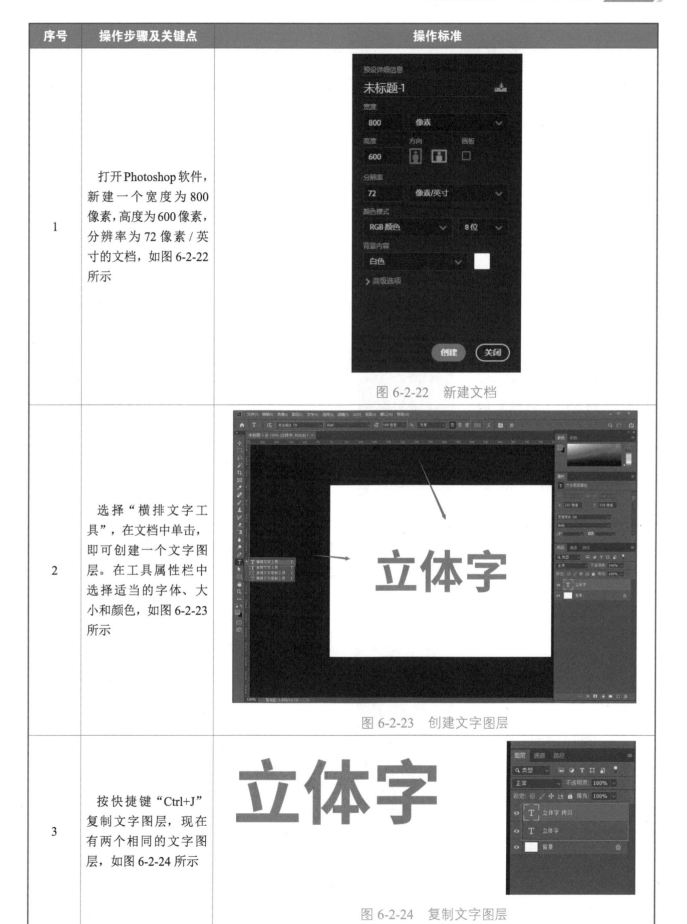 图 6-2-22　新建文档
2	选择"横排文字工具"，在文档中单击，即可创建一个文字图层。在工具属性栏中选择适当的字体、大小和颜色，如图 6-2-23 所示	图 6-2-23　创建文字图层
3	按快捷键"Ctrl+J"复制文字图层，现在有两个相同的文字图层，如图 6-2-24 所示	图 6-2-24　复制文字图层

序号	操作步骤及关键点	操作标准
4	选中底层的文字图层，将它的字体颜色加深，如图 6-2-25 所示	图 6-2-25　修改底层文字图层的字体颜色
5	按快捷键"Ctrl +T"选中底层的深色文字图层，并调整它的位置，这里只需修改"X"参数值即可，将其由 402.19 像素调整为 403.47 像素，按"Enter"键，或者单击右上角的对号按钮，如图 6-2-26 所示	图 6-2-26　移动文字图层
6	按快捷键"Ctrl + Shift +Alt +T"连续复制几个图层，这样不借助 3D 功能也能制作出文字的立体效果，如图 6-2-27 所示	图 6-2-27　连续复制

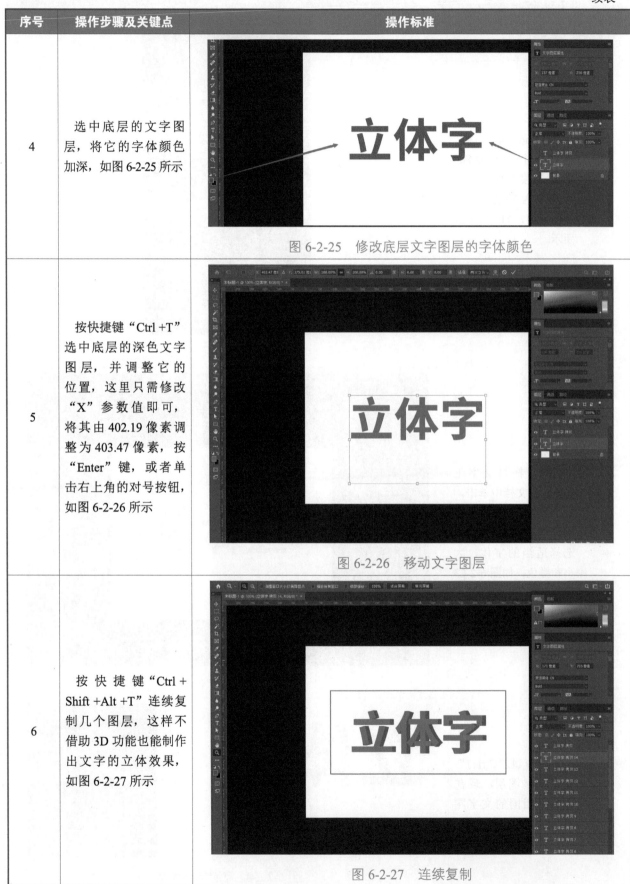

续表

序号	操作步骤及关键点	操作标准
7	为最上面一层的红色立体字图层添加一个"渐变叠加"效果，完成立体字的制作，如图 6-2-28 所示	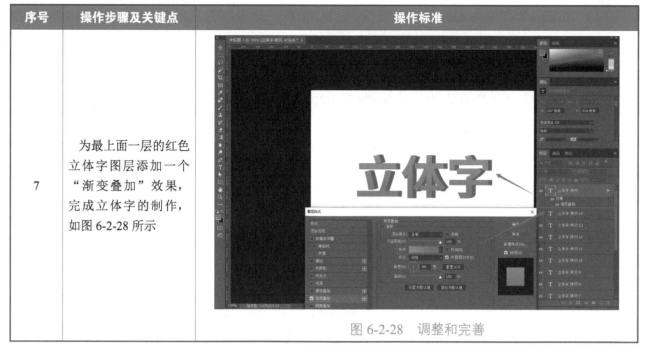 图 6-2-28 调整和完善

 任务评价

请围绕评价内容，根据实践活动过程及活动实践结果的记录，进行学生自评与教师点评，并填写表 6-2-1。

表 6-2-1 添加字体特效评价表

评价内容		分值	评价	
			学生自评	教师点评
任务 6.2	能够掌握剪贴蒙版的使用方法，并为其添加至少两种图层样式	20 分		
	能够按照标题文字的设计与制作流程独立完成两种标题文字的制作	40 分		
	能够掌握立体文字的制作方法，并制作出两种不同的立体文字	40 分		

 任务拓展

在电商环境下，增加茶叶品类不仅可以帮助茶企适应市场的变化，保持竞争优势，还可以提供多元化、高品质的商品，满足不断升级的消费需求。某茶企新推出一款茶叶，需要投入电商网店运营，请参考以往茉莉花茶的标题文字设计（见图 6-2-29），为新的商品谷雨茶，设计一款标题文字。

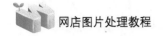

具体要求如下。

（1）新建一个宽度为 500 像素，高度为 500 像素，分辨率为 72 像素 / 英寸，颜色模式为 RGB 颜色的文档。

（2）文字内容为：主标题文字"谷雨茶"，副标题文字"好山好水，自然好茶"。

（3）将文件二（见图 6-2-30）导入 Photoshop 软件中，将图案与文字相结合来设计标题。

（4）要求图案与文字、主标题与副标题整体比例和谐。

图像文件	图片详情
文件一	Enjoy tea and enjoy life 茶 叶 茉莉花 THE JASMINE 图 6-2-29　茉莉花茶的标题文字设计
文件二	图 6-2-30　谷雨茶图片

模块七

制作促销海报——综合应用

　　海报是网店中用于宣传和推广商品及活动的重要图片，通常出现在网店首页店招与导航下方，以及详情页中。消费者进入网店后首先会注意到的醒目图片，因此海报需要具有吸引消费者注意、传递商品信息、营造促销氛围、提升品牌形象和引导消费者购买等多种作用。海报的设计与制作是网店视觉设计工作中的核心任务之一。设计优秀的海报需要从海报背景、商品图片、促销信息和装饰元素等多个方面进行考虑，借助专业的图像处理软件（如 Photoshop 等），打造出信息传递全面、视觉效果良好的海报。通过精心设计和制作，海报能有效地提高网店的点击率和转化率，为网店的营销和发展做出积极的贡献。

🔔 **模块知识地图**

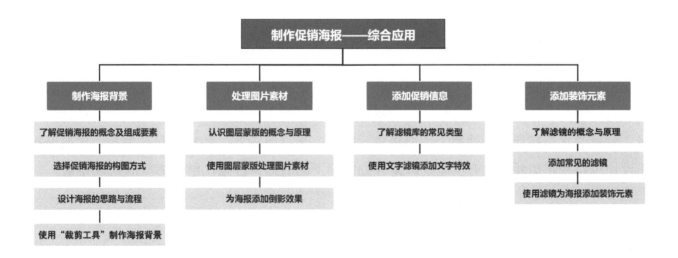

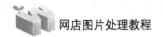

任务 **7.1** 制作海报背景

 任务目标

- 知识目标：（1）了解海报的概念及组成要素。
  - （2）理解海报设计的构图方式。
  - （3）知晓海报的设计与制作流程。
  - （4）掌握"裁剪工具"的操作要领与使用方法。
- 能力目标：（1）能够合理选择海报设计的构图方式。
  - （2）能够使用"裁剪工具"制作促销海报的背景。
- 素质目标：培养独特的想象力和创造力，提升艺术审美能力。

 任务实践

随着消费者审美能力的不断提升，网店图片对商品的点击率、转化率和销量等方面具有重要影响。因此，许多网店投入大量资金来打造个性鲜明且风格统一的首页、详情页和海报图片，以吸引消费者的关注。在网店运营过程中，海报的设计与制作成为至关重要的一环。优秀的海报能够显著提升网店的品牌形象和商品销量，吸引更多消费者关注并产生购买意愿。要想使海报图片达到美观和吸引消费者注意的效果，就要对海报的组成元素、构图方式、图片背景等内容进行综合考虑。海报设计需要使用许多图像处理工具，如"裁剪工具""渐变工具"等。

1. 了解促销海报的概念及组成要素

海报这一名称起源于上海，是一种独特的宣传方式。在过去，海报主要用于戏剧、电影等演出和活动的宣传。上海人通常将职业性的戏剧演出称为海，将从事职业性戏剧的表演称为下海。因此，作为具有宣传性和招揽顾客性的剧目演出信息的张贴物，人们便将其称为海报。海报通常包括活动的性质、主办单位、时间、地点等内容。相较于传统海报，电商海报在设计思路和组成要素上有所差别。请仔细阅读下面的知识链接，学习海报的组成要素。

知识链接

海报的组成要素

海报的组成要素

海报图片通常根据背景、文案和商品信息三个基本组成要素进行设计，以确定海报的整体风格和视觉效果，这是海报设计的基础。此外，我们还可以添加各种具有装饰性、引导性的元素，在修饰海报画面的同时，引导消费者根据海报宣传的主要目的进行操作。

1）背景

背景是海报的基底，为其他要素提供了展示的舞台。海报的背景可以分为纯色背景、渐变背景、图片背景等。我们可以根据商品和活动的主题来选择背景。

（1）纯色背景：只有一种颜色、没有其他任何图案的背景。以纯色作为海报的背景，容易突出主体或商品本身，能够给消费者留下深刻的印象，同时对色彩搭配的要求不高，设计工作较为轻松。

（2）渐变背景：使用两种或多种颜色平滑过渡的背景。相比于纯色背景，渐变背景的视觉效果更加震撼，通常应用于节日促销、新品发布、营销活动、直播预告等场合。在选用渐变背景时，需要根据不同应用场景和海报主题进行调整，注意颜色的搭配、过渡的自然性和主题的契合度，以保证海报的视觉效果。

（3）图片背景：以各种图片为基底的背景，通常包括生活背景、室外背景、虚构背景等。例如，卧室、客厅、街道、公园、商场、景点，以及一些虚拟的场景等。在选用图片背景时，需要考虑商品或活动与图片内容的契合度，并通过调整图片的色调和明暗、使用滤镜和特效等设计，营造独特的视觉效果，吸引消费者的目光。

2）文案

海报的文案包括主标题、副标题和附加说明内容，甚至会添加商品的卖点、特点及促销信息等内容。在设计文案时，需要注意文案内容的主次关系，让消费者可以轻而易举地抓住内容的重点。此外，通过对文案所用的字体类型、大小、排版、色彩等方面进行设计，可以提升文案的整体效果，与海报风格达成一致。

3）商品信息

商品信息包括商品的文字介绍与图片展示。文字介绍需要突出商品特点、商品价格等，还可展现商品的优惠力度，因此需要将这些内容置于海报画面的主要视觉部分，或者加以烘托处理，让消费者在接触画面的瞬间就可以对商品有基本的认知，从而达到提高消费者购买欲望的目的。

4）其他要素

在海报设计中，我们可以通过添加一些较小要素来提高视觉效果。例如，在消费者认

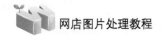
知经验中，箭头是具有引导性的，按钮是用来单击的。在海报中添加这些要素，会对消费者产生不可忽视的心理暗示作用。

2. 选择促销海报的构图方式

优秀的海报应具有引人注意、传达信息、建立品牌形象、引起情感共鸣、引导行动和提升专业形象等特点。在设计之前，首先要懂得基本构图原理。请阅读下面的知识链接，仔细查看猕猴桃这款商品及促销信息，为其选择合适的海报构图方式，并将草图绘制在下面的方框中。

海报设计常见的构图方式

海报设计的构图方式

海报的构图就是处理好文字和图片之间的位置关系。常见的构图方式包括居中式构图、左右构图、上下构图、九宫格构图等。在不同的构图方式中，要素的排列布局存在较大差异，会导致其视觉效果不同。因此，选择一种合适的构图方式对海报整体效果的展现至关重要。

1）居中式构图

居中式构图（见图7-1-1）是对称构图中常见的一种形式，通过将文字内容或图片素材的主要元素放置在海报的中心位置，可以快速吸引眼球，占据视觉焦点且简洁、利落，是所有构图中最简单、最容易取得效果的一种构图方式。

图 7-1-1　居中式构图

2）左右构图

左右构图（见图 7-1-2）将主要元素放在海报的左边或右边，使版面呈现统一的方向性，一般是左图右文或左文右图的形式，是一种稳定、不易出错的构图方式。

图 7-1-2　左右构图

3）上下构图或上中下构图

上下构图（见图 7-1-3）或上中下构图（见图 7-1-4）是将版面切割成上、下两块或上、中、下三块，将主要元素放在海报的上方、下方或者中间位置。大多数消费者具有从上到下、从左到右的浏览习惯，因此在设计海报时，我们可以将消费者的这种行为特征运用到构图中，形成上下或上中下的构图方式，使其符合消费者从上到下的浏览习惯，在视觉上达到稳定和平衡。

图 7-1-3　上下构图　　　　　　　　　　　图 7-1-4　上中下构图

4）九宫格构图

九宫格构图（见图7-1-5）也被称井字形构图。井字的四角是主体的最佳位置，可以使主体自然地成为视觉中心，具有突出主体、使画面趋于平衡的海报设计特点。

图 7-1-5　九宫格构图

5）三角式构图

三角式构图（见图7-1-6）以三个视觉中心为景物的主要位置，有时是以三点成面的几何构成来安排景物，形成一个稳定的三角形。三角形一般居中排版，形成一个稳定的整体区域。文字排布大小分明，结构感强，常以图形线条辅助排版。这种构图方式可以给人以坚强、稳固、安定、镇静的感觉，同时具备一定的灵活性和动感。

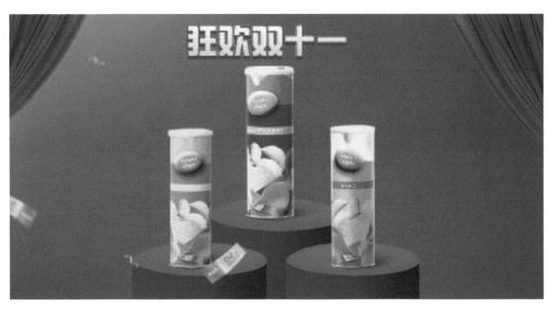

图 7-1-6　三角式构图

6）对角线构图

对角线构图（见图 7-1-7）是将主要元素放在对角线的位置上，彼此呼应，因此视觉流向是倾斜的，使整个画面具有独具一格的感觉。相较于上述的几种构图，对角线构图增加了不稳定的变化，打破了传统形式，更能够带来视觉上的冲击力，一下抓住人的眼球，给人动感与充满活力的感受。

图 7-1-7　对角线构图

7）包围式构图

包围式构图（见图 7-1-8）是一种使用其他元素将主体包围的构图方式，用于凸显主体的特点，增强视觉冲击力和吸引力。这种构图方式的信息量较多，版面率高，留白少，形式比较饱满，视觉表现力较为突出，但对图片的要求较高。

图 7-1-8　包围式构图

8）散点型构图

散点型构图（见图 7-1-9）也被称多点构图，是一种将一定数量的物体分散到画面上的构图方法。使用散点型构图要防止散乱，要用隐身结构线或结构形将各点暗连，使其相互呼应，形成内在的联系，给人以回味的空间。这种构图方式能够表现出一种繁盛、饱满、充实的视觉效果，给人一种活泼、轻松、自由的感觉。但要注意保持画面的平衡感和和谐感，避免过于杂乱无章。

图 7-1-9　散点型构图

海报设计的构图方式多种多样，但其核心在于突出视觉中心，引导消费者单击与阅读，快速向消费者传递海报所要表达的信息。只有把握住这些要点，才会设计出既能引起消费者注意又能传达中心思想的优秀海报。

3. 设计海报的思路与流程

在了解海报设计的基础知识和构图方式后，我们可以尝试制作海报。请仔细阅读知识链接的内容，学习海报设计的制作流程。

 知识链接

海报的设计与制作流程

海报设计的制作流程

1）明确目标和信息

在制作海报之前，首先要明确制作海报的目的和要传达的信息。确定海报的主题、受众和目标。这将有助于选择合适的图像、文字等设计元素。

2）收集素材

在海报制作的过程中需要收集各种素材，包括插图、照片、文字和图标等，并确保这些素材具有足够的分辨率，从而保证显示时的图片质量与清晰度。

3）选择布局和排版

海报的布局和排版决定了文案、图像和其他元素在海报上的位置和大小。布局简洁、排版合理、文案清晰的海报更易阅读和理解。

4）添加图像和文本

在选定的背景中添加图像和文本。如果使用图形设计软件，则可以导入图像，使用文本工具添加标题、副标题、正文等文本内容，并调整文本的字体、颜色和样式，以确保它们与海报风格一致。字体可以选择免费版权或已购买版权的字体，避免出现侵权问题。

5）调整颜色和样式

调整海报的颜色、样式和图层效果。我们可以通过添加滤镜、渐变效果、阴影来增强海报的视觉吸引力。

6）添加细节

在海报上添加细节，如标志、网址、日期、联系信息等。确保这些信息的字体、位置与尺寸让观阅者清晰可见。

7）审查和修订

在完成海报设计后，进行审查和修订。我们需要检查拼写、排版、图像质量和布局，以确保没有错误。

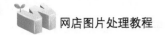

8）保存和导出

保存海报，并导出为适合印刷或在线分享的文件格式，如 JPEG、PNG 或 PDF，注意保存 PSD 格式源文件，方便后期图片调整修改。

在了解设计海报的思路和流程后，我们可以使用 Photoshop 软件制作海报。下面结合猕猴桃海报实际操作的过程，学习如何设计与制作海报。

海报的设计与制作的操作步骤及关键点如下。

序号	操作步骤及关键点	操作标准
1	打开 Photoshop 软件，执行"文件"→"新建"命令，新建宽度为 1920 像素，高度为 900 像素，分辨率为 72 像素 / 英寸的画布，如图 7-1-10 所示	图 7-1-10　新建画布
2	在新建的空白画布中，将背景颜色填充为绿色（RGB 数值为 6cc377），如图 7-1-11 所示	图 7-1-11　填充背景颜色

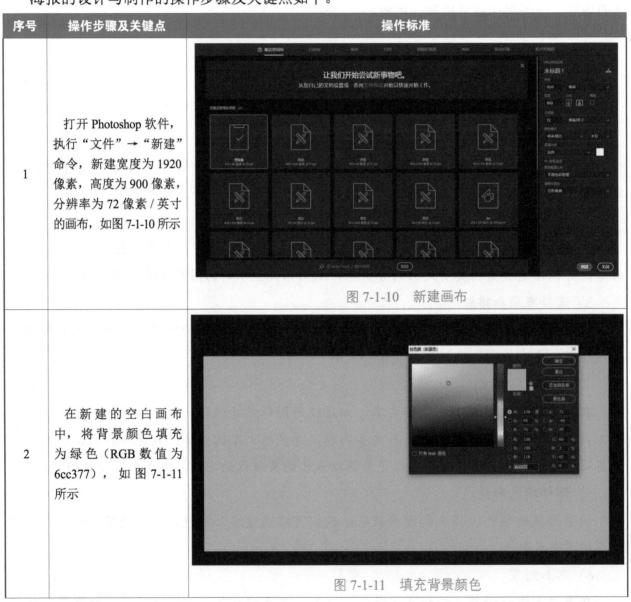

续表

序号	操作步骤及关键点	操作标准
3	单击"创建新图层"按钮，新建图层，选择"渐变工具"，选用浅绿色（RGB 数值为 e3ffdc）到透明渐变，如图 7-1-12 所示	 图 7-1-12 设置渐变效果
4	单击"径向渐变"按钮，为背景添加渐变光照效果，如图 7-1-13 所示	 图 7-1-13 径向渐变
5	导入背景素材图，如叶子1、叶子2、太阳1、白云，调整素材图大小和位置，后续再根据实际排版微调，如图 7-1-14 所示	 图 7-1-14 导入背景素材图

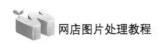
续表

序号	操作步骤及关键点	操作标准
6	为太阳 1 执行"滤镜"→"模糊"→"高斯模糊"命令（见图 7-1-15），并添加"颜色叠加"效果（见图 7-1-16），以便模拟太阳光照，并与背景更好地融合	 图 7-1-15　执行"高斯模糊"命令 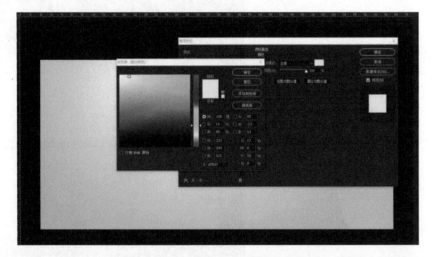 图 7-1-16　添加"颜色叠加"效果
7	为叶子 2 添加"动感模糊"效果，增加动感，如图 7-1-17 所示	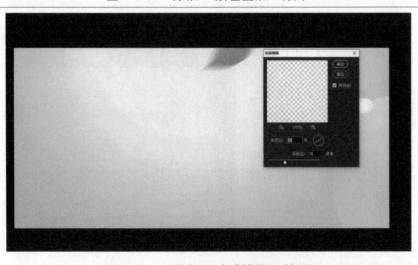 图 7-1-17　添加"动感模糊"效果

续表

序号	操作步骤及关键点	操作标准
8	为白云添加"高斯模糊"效果,弱化视觉重心,如图 7-1-18 所示	 图 7-1-18　添加"高斯模糊"效果（1）
9	在画面底部新建矩形（RGB 数值为 c8f5ba）,如图 7-1-19 所示,并添加"高斯模糊"效果	图 7-1-19　底部新建矩形
10	单击"创建新图层"按钮,新建图层,选择"渐变工具",设置与步骤 3 相同的绿色渐变,创建剪贴蒙版到矩形 1 图层,并填充渐变色,如图 7-1-20 所示	图 7-1-20　填充渐变色

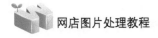

序号	操作步骤及关键点	操作标准
11	背景完成后，将现有图层创建成组，并将组的名称设置为"背景"，如图 7-1-21 所示	 图 7-1-21　将图层创建成组
12	继续导入素材图，如人物、太阳2、盘子、猕猴桃1、猕猴桃2，进行商品主体的设计与制作，如图 7-1-22 所示	 图 7-1-22　导入素材图
13	调整素材的大小与位置，将人物缩小，水果图放大，如图 7-1-23 所示	 图 7-1-23　调整素材的大小与位置
14	单击"创建新的填充或调整图层"按钮，在弹出的下拉列表中选择"曲线"选项，给盘子调整亮度，如图 7-1-24 所示	 图 7-1-24　调整亮度

续表

序号	操作步骤及关键点	操作标准
15	为猕猴桃2添加图层蒙版,选中"图层蒙版",将其下方擦除,使其与盘子弧度相符,看起来像水果盛放在盘子中,如图7-1-25所示	 图7-1-25 添加图层蒙版
16	通过"色彩平衡"对话框和"曲线"对话框的设置,对猕猴桃2进行色彩调整,如图7-1-26所示。此处需要创建剪贴蒙版,才能对画面整体生效	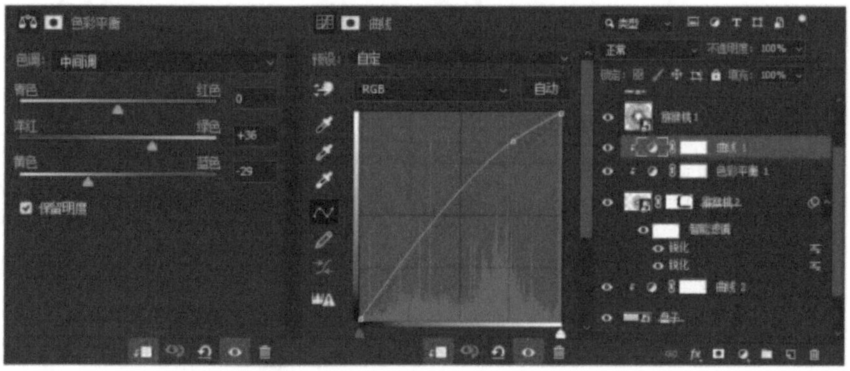 图7-1-26 色彩调整
17	添加"锐化"效果,使图片更为清晰逼真,如图7-1-27所示	 图7-1-27 添加"锐化"效果

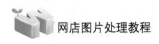
网店图片处理教程

续表

序号	操作步骤及关键点	操作标准
18	素材图猕猴桃 1 的色彩调整与猕猴桃 2 的相同，可以直接复制图层效果，如图 7-1-28 所示，按"Alt"键将效果嵌入素材图，继续为其添加"高斯模糊"效果，如图 7-1-29 所示	 图 7-1-28　复制图层效果 图 7-1-29　添加"高斯模糊"效果（2）
19	为太阳 2 添加"高斯模糊"效果，将图层的混合模式更改为"滤色"，如图 7-1-30 所示。在"图层"面板中的显示效果如图 7-1-31 所示	  图 7-1-30　选择"滤色"模式　图 7-1-31　在"图层"面板中的显示效果

196

续表

序号	操作步骤及关键点	操作标准
20	调整工作区画面大小，查看整体效果，如图7-1-32所示。对画面元素的大小与位置进行微调，完成画面制作，同样对商品主题图层进行编组	 图 7-1-32　查看整体效果
21	下面进行文字的制作，选择"横排文字工具"，输入文案内容（文字的色号为#135819），如图7-1-33所示	 图 7-1-33　文字的制作
22	调整文字的字体，选择艺术字体，调整文案大小与位置，将主题文案的字号放大，以突出显示，如图7-1-34所示	 图 7-1-34　调整文字
23	新建圆角矩形（RGB色值为#ff5d15），如图7-1-35所示	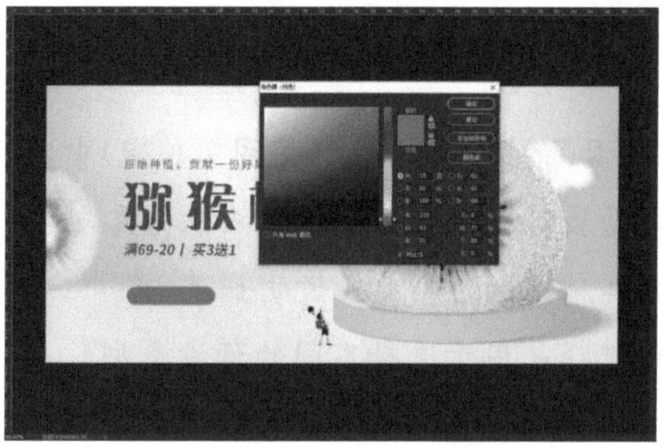 图 7-1-35　新建圆角矩形

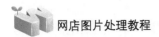

序号	操作步骤及关键点	操作标准
24	输入文案"立即抢购"，并调整其大小，使其与圆角矩形中心对齐，如图 7-1-36 所示	 图 7-1-36　输入文案并调整
25	查看海报整体效果，猕猴桃促销海报制作完成，如图 7-1-37 所示	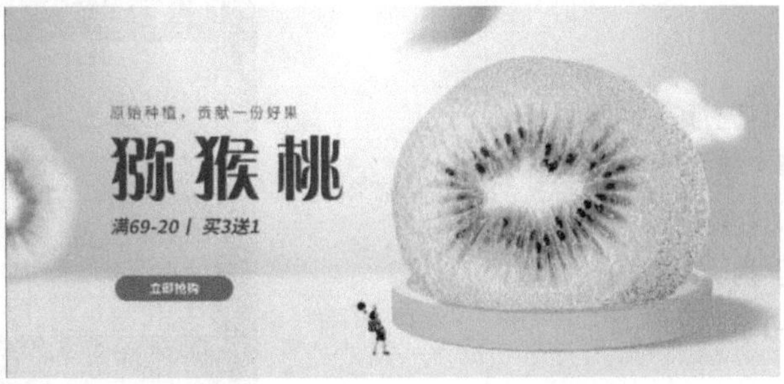 图 7-1-37　完成海报

4. 使用"裁剪工具"制作海报背景

Photoshop 软件中的"裁剪工具"是一种用来修改和调整图像的工具，可以帮助用户剪裁图像，即去除图像中不需要的部分，从而达到调整图像尺寸和比例的目的。使用"裁剪工具"可以选择指定的区域，删除或保留选定区域内的像素。除此之外，使用"裁剪工具"还可以重新构图并裁剪图像，以使目标物体适合并突出显示在图像中。这对改善构图和提升视觉吸引力非常重要。当然，我们也可以用来修剪图片的边缘，使图像显示更加专业和整洁。

知识链接

"裁剪工具"的工具属性栏

在"裁剪工具"的工具属性栏（见图 7-1-38）中，我们可以选择裁剪的形状、大小和分辨率，还可以选择自动裁剪和裁剪参考线，并根据需要进行选择和调整，以达到所需的效果。"裁剪工具"的工具属性栏的各参数说明如下。

（1）预设选择：用于选择不同的预设类型。

（2）输入框：通过直接输入数字，以获得裁剪框。

（3）"拉直"按钮：通过在图像上画一条直线来拉直该图像。

（4）删除裁剪的像素：如果勾选该复选框，则直接删除框外的像素；如果取消勾选该复选框，则只是屏蔽，其实未删除。

图 7-1-38　"裁剪工具"的工具属性栏

使用"裁剪工具"的操作并不复杂，对图像的规划和设计才是重中之重。在使用"裁剪工具"时，明确实际剪裁需求会比较容易完成裁剪任务。在了解"裁剪工具"的使用方法后，我们可以使用 Photoshop 软件的"裁剪工具"，制作海报的背景。下面请根据具体操作，学习如何使用"裁剪工具"。

使用"裁剪工具"的操作步骤及关键点如下。

序号	操作步骤及关键点	操作标准
1	打开 Photoshop 软件并导入需要裁剪的图像文件，如图 7-1-39 所示	图 7-1-39　导入图像文件
2	在工具栏中找到"裁剪工具"，其图标类似一个带有剪刀的矩形，也可以按快捷键"C"来选择"裁剪工具"，如图 7-1-40 所示	图 7-1-40　选择"裁剪工具"

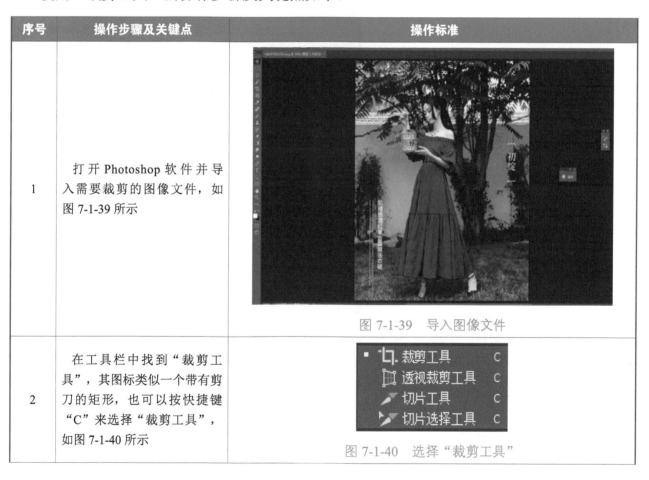

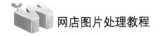

序号	操作步骤及关键点	操作标准
3	按住鼠标左键在图像上进行拖动，以创建一个矩形选框，用于指定想要保留的区域，并根据需要，调整矩形选框的大小和位置，如图 7-1-41 所示	图 7-1-41　创建矩形选框
4	通过调整矩形选框的大小和位置来精确地选择要保留的图像部分，如果要将矩形选框移到其他位置，则可以将鼠标指针放在矩形选框内并按住鼠标左键进行拖动；如果要缩放矩形选框，则可以将鼠标指针移到矩形选框的边角上按住鼠标左键进行拖动即可；如果要限制缩放比例，则可以在按住鼠标左键进行拖动时按住"Shift"键；如果要旋转矩形选框，则可以将鼠标指针移到矩形选框外，待鼠标指针变为弯曲的箭头时按住鼠标左键进行拖动；如果要旋转选框，则可以将鼠标指针放在选框外，待鼠标指针变为弯曲的箭头时按住鼠标左键进行拖动，如图 7-1-42 所示	 图 7-1-42　旋转选框

续表

序号	操作步骤及关键点	操作标准
5	调整好选框后，如果要在裁剪过程中对图像进行重新取样，则可以在"裁剪工具"的工具属性栏中输入高度、宽度和分辨率的值如图 7-1-43 所示。在完成裁剪后，按"Enter"键，或者单击工具属性栏中的"提交"按钮，或者在裁剪选框内双击确定。如果要取消裁剪操作，则可以按"Esc"键；如果要进一步调整裁剪后的图像，则可以使用 Photoshop 软件中的其他工具和功能进行编辑，如"亮度/对比度""色彩校正"等	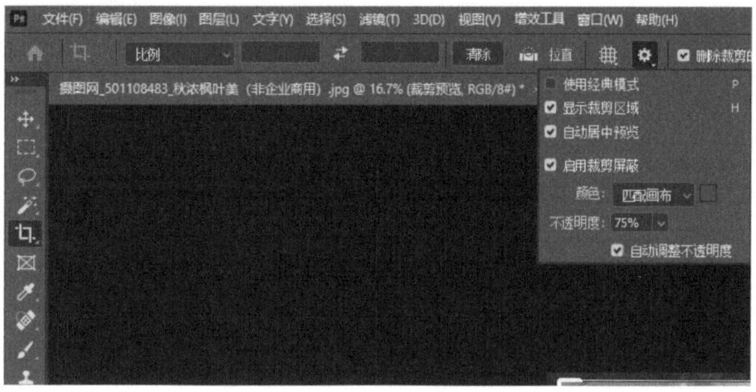 图 7-1-43 设置"剪裁工具"的工具属性栏
6	最后，需要保存裁剪后的图像文件。我们可以选择不同的文件格式，如 JPEG、PNG 等，并根据需要进行设置，如图 7-1-44 所示	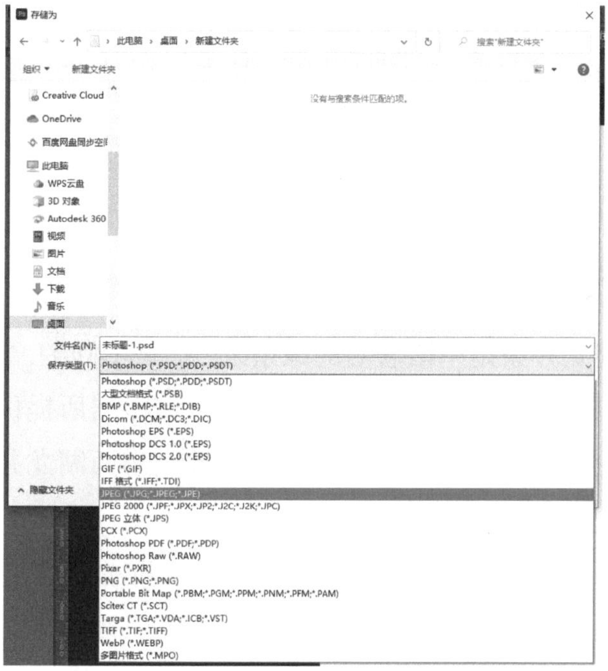 图 7-1-44 保存文件

操作要领

处理自动跳出的预设裁剪框的方法如下。

方法一：在选择"裁剪工具"时，图像上会自动跳出一个预设裁剪框，按"Esc"键，裁剪框回到最大边框处，可以使用"裁剪工具"随意裁剪或进行其他设置。

方法二：通过变换框变换获得想要的裁剪框。

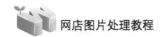

"裁剪工具"的使用方法相对简单，一旦掌握了它的原理和使用方法，就可以应用到不同的场景中。除此之外，我们还可以将裁剪后的素材进行拼接，以创造出全新的视觉效果。

请围绕评价内容，根据实践活动过程及活动实践结果的记录，进行学生自评与教师点评，并填写表 7-1-1。

表 7-1-1　制作海报背景评价表

评价内容		分值	评价	
			学生自评	教师点评
任务 7.1	了解海报的概念及组成要素，能够至少说出三种海报的组成要素，为后续海报制作打好基础	10 分		
	了解海报设计的构图方式，能够明确各类构图方式的优缺点，并设计两张不同构图方式的促销海报	20 分		
	了解海报设计思路和整体流程，搜索素材，设计并制作一张海报	40 分		
	熟练使用"裁剪工具"，制作一张海报背景	30 分		

 任务拓展

西湖龙井茶是中国著名的绿茶之一，产自浙江省杭州市西湖风景区，其独特的香气、口感和翠绿的色泽吸引了众多茶爱好者。请根据所提供的素材，设计海报要素和构图方式，为西湖龙井茶设计一张线下印刷海报，要突出西湖龙井茶的特点和优势，展现西湖龙井茶的制作工艺。

海报素材的参考文案如下。

标题为：西湖龙井。

特点为：自然清香静心悠扬，核心产地好茶直供。

优势为：西湖龙井茶以其独特的品质风韵，精湛的制作工艺而蜚声于国内外市场，以"色绿、香郁、味甘、形美""四绝"誉满全球，富含氨基酸、儿茶素、叶绿素、维生素 C 等，营养丰富、生津止渴、提神益思、消食利尿、除烦去腻、消炎解毒，乃养生中的上品茶。

具体要求如下。

（1）线下宣传海报为 A3 大小，分辨率为 300 像素 / 英寸，颜色模式为 CMYK 颜色，背景内容为白色，其他选项均保持默认设置。新建文档后导入文件一（见图 7-1-45），并将其作为背景。

（2）将文件二（见图 7-1-46）导入文件一中，使用自由变换工具将其调整至合适的尺寸，并移至海报左上角作为装饰。

（3）将文件三（见图 7-1-47）导入 Photoshop 软件中，使用"裁剪工具"将画面裁剪为正方形，并将裁剪后图层复制到文件一中。

图像文件	图片详情
文件一	图 7-1-45　海报背景图
文件二	图 7-1-46　茶叶素材
文件三	图 7-1-47　茶叶制作素材

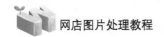

任务 7.2　处理图片素材

 任务目标

- 知识目标：（1）了解图层蒙版的概念及原理。

　　　　　　（2）掌握图层蒙版的操作要领与使用方法。

- 能力目标：（1）能够使用图层蒙版进行图片处理。

　　　　　　（2）能够综合使用工具为海报添加倒影效果。

- 素质目标：培养对图片处理的敏锐性，提高工作效率。

 任务实践

海报是吸引目标受众、传递信息和实现销售目标的重要媒介。为了达到这些目的，海报的设计离不开大量高质量的图片素材，包括商品图片、模特照片，以及背景图片等。这些图片素材不仅要具有高度的相关性，还要经过精细的排版和编辑，以创造出令人瞩目的视觉效果。然而，原始的图片素材往往存在许多问题，如画质不佳、色彩不准确、角度不合适等，这些问题需要通过专业的图像处理软件进行处理，才能使图片在海报设计中发挥出最佳的作用。在众多的图片素材处理工具中，图层蒙版是一项非常实用的功能，可以对图片进行各种精细的调整和操作，以实现更准确、更自然的视觉效果。

1. 认识图层蒙版的概念与原理

图层蒙版是在当前图层上覆盖一层玻璃片，这种玻璃片有透明的、半透明的、完全不透明的。图层蒙版是 Photoshop 软件中一项非常实用的功能，可以通过控制图层的可见性和明度来实现各种特效和编辑效果。此外，Photoshop 软件还提供了其他几种蒙版，如剪贴蒙版、快速蒙版、矢量蒙版等，以满足不同的编辑需求。在使用 Photoshop 软件进行图像处理时，图层蒙版可以在不影响原始图像的情况下对其进行修改。请根据下面的知识链接学习图层蒙版的原理。

知识链接

图层蒙版的原理

图层蒙版是一种特殊的选区，其目的是保护选区不被操作，而不处于蒙版范围的区域则可以进行编辑与处理。常规的选区表现出一种操作取向，即对所选区域进行处理。这是常规选区与图层蒙版最大的区别。

图层蒙版的原理

图层蒙版允许对图层进行非破坏性编辑。通过在蒙版上绘制或填充黑色、白色、灰色或不同透明度的图案，可以控制图层的可见性，却不影响图层上原始像素的完整性。简单来说，图层蒙版只能使用黑白色及其过渡色（灰色）进行编辑。在蒙版中，黑色代表完全遮盖当前图层的内容，显示当前图层下面的图层内容；白色代表完全显示当前图层的内容；而灰色则呈现出半透明状态，使得当前图层下面的图层内容若隐若现。图层蒙版可以随时修改蒙版，重新调整和编辑效果，不需要对原始图像进行永久性改变。使用图层蒙版可以创建渐变、折叠、投影、模糊，以及其他各种图像混合和渐变效果。通过在蒙版上使用黑色、白色和灰色来控制图层的可见性和透明度，以便轻松地调整图像的外观和视觉效果。

2. 使用图层蒙版处理图片素材

图层蒙版可以对图像进行非破坏性的编辑而不影响原始的图像，类似于一个遮罩层，可用于隐藏、显示或修饰图像的某些部分。在了解图层蒙版的原理后，我们可以使用Photoshop软件的图层蒙版来处理图片素材。

使用图层蒙版的操作步骤及关键点如下。

序号	操作步骤及关键点	操作标准
1	在 Photoshop 软件中打开需要的图像文件，并确保"图层"面板可见。如果要对图像应用蒙版，则可以单击"图层"面板底部的"创建新图层"按钮，创建一个新的图层，如图7-2-1所示	图 7-2-1　新建图层

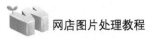

续表

序号	操作步骤及关键点	操作标准
2	在工具栏中，选择适合需求的绘制工具，常用的有"画笔工具""橡皮擦工具""渐变工具"，以及选择工具组中的工具等，如图 7-2-2 所示。对于蒙版的编辑，我们可以使用黑色、白色、灰色和不同的不透明度来设置	图 7-2-2　工具栏
3	使用图层蒙版给商品加入倒影。首先将准备好的素材图片导入 Photoshop 软件中，选中石榴，复制并粘贴到海报之中通过执行"编辑"→"自由变换"命令来调整位置和大小，如图 7-2-3 所示	图 7-2-3　自由变换
4	继续再复制一个石榴图层，执行"编辑"→"变换"→"垂直翻转"命令，将复制的石榴图层进行垂直翻转，如图 7-2-4 所示	图 7-2-4　垂直翻转

序号	操作步骤及关键点	操作标准
5	调整好位置。选择给翻转后的图层添加一个图层蒙版，选中图层蒙版，将其填充为黑色，如图 7-2-5 所示	 图 7-2-5　将图层蒙版填充为黑色
6	在图层蒙版中，黑色表示遮盖，白色表示显示。选择"渐变工具"，将"前景色"设置为白色，"背景色"设置为黑色，填充上下方向从"前景色"到"背景色"的渐变效果，如图 7-2-6 所示	 图 7-2-6　在图层蒙版中添加渐变效果
7	双击图层蒙版，在"属性"面板中将"密度"和"羽化"设置为合适的数值，如图 7-2-7 所示	 图 7-2-7　设置"密度"和"羽化"的数值

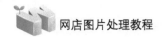

序号	操作步骤及关键点	操作标准
8	执行"图像"→"调整"→"曲线"命令，在弹出的"曲线"对话框中可以调整图像的亮度，如图 7-2-8 所示	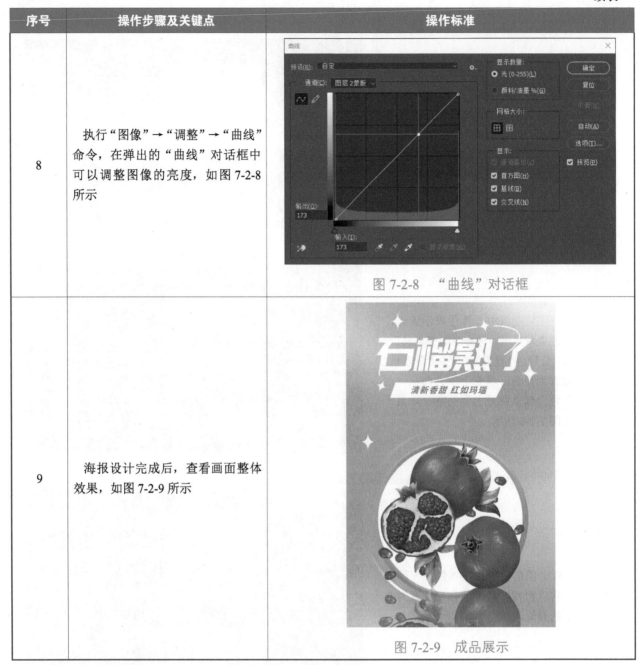 图 7-2-8　"曲线"对话框
9	海报设计完成后，查看画面整体效果，如图 7-2-9 所示	图 7-2-9　成品展示

3. 为海报添加倒影效果

在 Photoshop 软件中，"投影"和"倒影"是两种常用的效果技术，能够为图像或图层赋予深度和立体感，进一步增强视觉吸引力。

 知识链接

投影和倒影的原理

投影是指当光线照射到物体上时，会在物体后面产生阴影。在 Photoshop 软件中，我们

可以使用"投影"功能来创建这种效果，通过调整"图层样式"对话框"投影"选项卡中的"颜色"、"大小"和"角度"等参数来实现更逼真的阴影效果。"投影"效果在设计中常用来突出物体的形状和立体感，为商品增添更多的层次和细节。倒影是物体在水面、镜面等反射表面上呈现出的图像。

总体来说，投影和倒影在设计中扮演着至关重要的角色，能够为商品增添深度和质感，增强立体感，甚至提升整个商品的环境档次。通过合理运用这两种效果技术，设计师可以创造出更加生动、逼真的视觉效果，从而吸引更多的目标受众。

下面通过实操案例，学习如何对海报添加倒影效果。

对海报添加倒影效果的操作步骤及关键点如下。

序号	操作步骤及关键点	操作标准
1	在 Photoshop 软件中，执行"文件"→"新建"命令，在"新建文档"对话框中将"宽度"设置为 1920 像素，高度设置为 880 像素，"分辨率"设置为 72 像素/英寸，"颜色模式"设置为 RGB 颜色、8 位，"背景内容"设置为白色，单击"确定"按钮，新建文档。导入"素材化妆品套装.png"图像素材，按快捷键"Ctrl+T"使用自由变换工具将素材调整到合适大小，如图 7-2-10 所示	 图 7-2-10　导入图像素材并调整大小
2	使用"矩形选框工具"选取化妆品底部区域，按快捷键"Ctrl+J"复制框选区域。执行"滤镜"→"模糊"→"动感模糊"命令，在弹出的"动感模糊"对话框中将"角度"设置为 90 度，"距离"设置为 180 像素，单击"确定"按钮。将倒影图层移到化妆品图层的下面，并与商品底部对齐，单击"添加图层蒙版"按钮，在新建的图层蒙版中，使用"画笔工具"涂抹多余的倒影，如图 7-2-11 所示	 图 7-2-11　添加并调整商品倒影

续表

序号	操作步骤及关键点	操作标准
3	按快捷键"Ctrl+J"复制化妆品图层并命名为倒影，将其放在化妆品图层下方。选中倒影图层，双击图层，弹出"图层样式"对话框，勾选"投影"复选框，将"混合模式"设置为"线性加深"，颜色的色值设置为#666666，"不透明度"设置为100%，"角度"设置为90度，"距离"设置为2像素，"大小"设置为8像素。单击"添加图层蒙版"按钮，在新建的图层蒙版中使用"画笔工具"涂抹遮住商品图像，保留底部阴影。复制倒影图层，双击复制的图层，弹出"图层样式"对话框，勾选"投影"复选框，将"距离"设置为15像素，"大小"为60像素。单击"添加图层蒙版"按钮，在新建的图层蒙版中使用"画笔工具"涂抹商品四周阴影，保留底部阴影，如图7-2-12所示	 图7-2-12　添加并调整商品投影
4	新建图层，使用"矩形选框工具"，选取底部选区，将其填充色设置为#666666，按快捷键"Ctrl+J"复制选区图层，并命名为范围投影，放在倒影图层下方。执行"滤镜"→"模糊"→"高斯模糊"命令，在弹出的"高斯模糊"对话框中将"半径"设置为30像素。执行"滤镜"→"模糊"→"动感模糊"命令，在弹出的"动感模糊"对话框中将"角度"设置为0度，"距离"设置为180像素。按快捷键"Ctrl+T"进行自由变换，并调整投影在化妆品底部区域自然过渡，如图7-2-13所示	 图7-2-13　成品展示

 **操作要领**

添加倒影操作相关的快捷键如下。

（1）复制的快捷键为"Ctrl＋J"。

（2）快速选择图层的快捷键为"Ctrl＋T"。

 **任务评价**

请围绕评价内容，根据实践活动过程及活动实践结果的记录，进行学生自评与教师点评，并填写表 7-2-1。

表 7-2-1 处理图片素材评价表

评价内容		分值	评价	
			学生自评	教师点评
任务 7.2	了解图层蒙版的概念及作用，掌握图层蒙版的使用原理，能够根据编辑需求选择最佳的图层蒙版	20 分		
	掌握图层蒙版的操作要领与使用方法，能够使用图层蒙版对 2 张图片进行处理	40 分		
	熟练调整素材的大小、位置和角度，并为海报中的 2 个商品添加倒影效果	40 分		

 任务拓展

随着双十一的临近，某茶企电商公司需要制作一张九曲红梅的茶品促销海报。在如今的消费市场中，富有创意和吸引力的海报更容易吸引消费者的目光。请根据下方所提供的海报素材，使用图层蒙版为海报设置视觉效果，制作一张富有视觉冲击力和吸引力的线上宣传海报。

具体要求如下。

（1）新建文档，将宽度设置为 1080 像素，高度设置为 1920 像素，分辨率设置为 72 像素 / 英寸，颜色模式设置为 RGB 颜色。在创建后导入文件一（见图 7-2-14），将其调整至合适的尺寸与位置，保存 PSD 格式源文件。

（2）将文件二（见图 7-2-15）导入 Photoshop 软件中，复制图层，使用图层蒙版或模糊滤镜功能，制作图片的倒影效果。

（3）在调整完海报素材图后，为海报添加标题文案"九曲红梅"，和其他装饰素材图，以丰富画面整体效果。

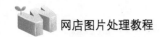
网店图片处理教程

图像文件	图片详情
文件一	 图 7-2-14　海报背景图
文件二	 图 7-2-15　茶具素材

任务7.3　添加促销信息

 任务目标

- 知识目标：（1）了解滤镜的常见类型，明确各滤镜库的实际效果。
  （2）掌握滤镜的常用方法。
- 能力目标：（1）能够根据图片特点选择不同风格的滤镜库。
  （2）能够综合使用工具添加文字滤镜及特效，以传递促销信息。
- 素质目标：培育美学意识，提高设计审美。

 任务实践

　　海报的促销信息是吸引消费者关注并激发其购买欲望的关键因素。为了有效地传达促销信息，内容方面需要简洁明了、重点突出，让消费者在第一眼就能捕捉到核心信息。同时，视觉呈现同样重要，我们可以通过添加滤镜或文字效果来优化促销信息的呈现形式，使其更具吸引力和视觉冲击力。这样的设计将有助于引起消费者的注意，激发他们的购买欲望，最终促进销售。

1. 了解滤镜库的常见类型

在 Photoshop 软件中，滤镜库是一个多功能的宝箱，整合了"风格化""画笔描边""扭曲""素描"等多个滤镜组，用于改变图像的外观和氛围，从而带来独特的艺术效果。请根据下面知识链接的内容，了解滤镜库的常见类型。

 知识链接

滤镜库的常见类型

1）风格化滤镜

风格化滤镜是一种独特的图像处理技术，能够为图像增添各种特殊的视觉效果。在 Photoshop 软件中有众多风格化滤镜（如"凸出""扩散""拼贴"等）并各具特色，为图像处理提供了丰富的选择。这些滤镜既可以单独使用，又可以巧妙地组合在一起，以实现更为复杂、精妙的效果。比如，通过搜寻主要颜色变化区域强化过渡像素，从而产生类似霓虹灯的光亮效果，如图 7-3-1 和图 7-3-2 所示。这个过程不仅增强了图像的视觉吸引力，还为其增添了一抹独特的氛围。需要注意的是，在使用风格化滤镜时应按照适度原则，避免过度处理导致图像质量的损失。

图 7-3-1 照亮边缘（白）

图 7-3-2 照亮边缘（黑）

2）画笔描边滤镜

（1）成角的线条（见图 7-3-3）：使用成角的线条勾画图像。

（2）墨水轮廓（见图 7-3-4）：使用墨水笔勾画图像轮廓线。

图 7-3-3　成角的线条

图 7-3-4　墨水轮廓

（3）喷溅（见图 7-3-5）：产生类似透过浴室玻璃观看图像的效果。

（4）喷色描边（见图 7-3-6）：使用所选图像的主色和成角的喷溅线条来描绘图像。

图 7-3-5　喷溅

图 7-3-6　喷色描边

（5）强化的边缘（见图 7-3-7）：将图像的色彩边界进行强化处理。

（6）深色线条（见图 7-3-8）：黑色线条描绘图像暗部区域，白色线条描绘图像亮部区域。

图 7-3-7　强化的边缘

图 7-3-8　深色线条

（7）烟灰墨（见图 7-3-9）：日本画风格，类似使用深色线条滤镜之后又进行模糊的效果。

（8）阴影线（见图 7-3-10）：使用铅笔阴影线的笔触进行勾画的效果。

图 7-3-9　烟灰墨

图 7-3-10　阴影线

3）扭曲滤镜

（1）玻璃（见图 7-3-11）：呈现透过不同类型的玻璃来观看图片的效果。

（2）海洋波纹（见图 7-3-12）：将随机分隔的波纹添加到图像表面，使图像看上去像是浸在水中。

图 7-3-11　玻璃

图 7-3-12　海洋波纹

（3）扩散亮光（见图 7-3-13）：从图像中心向外渐隐亮光，使其产生一种光芒漫射的效果。

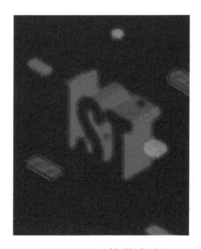

图 7-3-13　扩散亮光

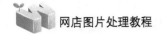

4）素描滤镜

（1）半调图案（见图7-3-14）：模拟半调网屏的效果，且保持连续的色调范围。

（2）便条纸（见图7-3-15）：模拟纸浮雕的效果。

（3）粉笔和炭笔（见图7-3-16）：创建类似炭笔素描的效果。

（4）铬黄渐变（见图7-3-17）：将图像处理成银质的铬黄表面效果。

图 7-3-14　半调图案

图 7-3-15　便条纸

图 7-3-16　粉笔和炭笔

图 7-3-17　铬黄渐变

（5）绘图笔（见图7-3-18）：使用线状油墨来勾画原图像的细节。

（6）基底凸现（见图7-3-19）：变换图像，使之呈现浮雕的雕刻状，突出光照下变化各异的表面。

（7）石膏效果（见图7-3-20）：按3D效果塑造图像，图像中的暗部区域凸起，亮部区域凹陷。

（8）水彩画纸（见图7-3-21）："素描"滤镜组中唯一保留原图颜色的滤镜，产生类似在纤维纸上涂抹的效果，并使颜色相互混合。

图 7-3-18　绘图笔

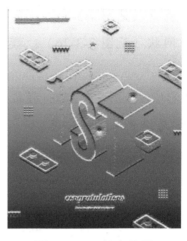

图 7-3-19　基底凸现

图 7-3-20　石膏效果

图 7-3-21　水彩画纸

（9）撕边（见图 7-3-22）：重建图像，使它像是由粗糙纸片组成。

（10）炭笔（见图 7-3-23）：类似于色调分离，主要边缘以粗线条绘制，而中间色调用对角描边进行素描。

图 7-3-22　撕边

图 7-3-23　炭笔

（11）炭精笔（见图 7-3-24）：用来模拟炭精笔的纹理效果。

（12）图章（见图7-3-25）：简化图像，使它像是橡皮或木制的图章一样。

（13）网状（见图7-3-26）：模拟胶片效果，使之在阴影处结块，在高光处呈现轻微的颗粒化。

（14）影印（见图7-3-27）：模拟影印图像的效果，大的暗部区域趋向于只复制边缘四周，而中间色调为纯黑色或纯白色。

图 7-3-24　炭精笔

图 7-3-25　图章

图 7-3-26　网状

图 7-3-27　影印

5）纹理滤镜

（1）龟裂缝（见图7-3-28）：产生凹凸不平的裂纹效果。

（2）颗粒（见图7-3-29）：使用不同种类的颗粒在图像中添加纹理。

（3）马赛克拼贴（见图7-3-30）：渲染图像，使它像是由小碎片拼贴组成，并加深拼贴之间缝隙的颜色。

（4）拼缀图（见图7-3-31）：将图像分成规则排列的正方形块，且每个方块均使用该区域的主色填充。

图 7-3-28　龟裂缝

图 7-3-29　颗粒

图 7-3-30　马赛克拼贴

图 7-3-31　拼缀图

（5）染色玻璃（见图 7-3-32）：将图像重新绘制为单色的相邻单元格，且色块之间的缝隙用前景色填充。

（6）纹理化（见图 7-3-33）：生成各种纹理，在图像中添加纹理质感。

图 7-3-32　染色玻璃

图 7-3-33　纹理化

6）艺术效果滤镜

（1）壁画（见图 7-3-34）：产生古壁画的斑点效果。

（2）彩色铅笔（见图 7-3-35）：用彩色铅笔在纯色背景上绘制图像，可保留重要边缘。

图 7-3-34　壁画

图 7-3-35　彩色铅笔

（3）粗糙蜡笔（见图 7-3-36）：产生一种彩色蜡笔作画的覆盖纹理效果。

（4）底纹效果（见图 7-3-37）：模拟用纸背面作画，产生一种纹理喷绘效果。

图 7-3-36　粗糙蜡笔

图 7-3-37　底纹效果

（5）调色刀（见图 7-3-38）：融合相近颜色，产生大写意的笔法效果。

（6）干画笔（见图 7-3-39）：使画面产生一种不饱和、不湿润、干枯的油画效果。

图 7-3-38　调色刀

图 7-3-39　干画笔

（7）海报边缘（见图7-3-40）：捕捉图像的边缘并用黑线勾边。

（8）海绵（见图7-3-41）：产生画面浸湿的效果，就像使用海绵在纸上涂抹图像。

图7-3-40 海报边缘

图7-3-41 海绵

（9）绘画涂抹（见图7-3-42）：产生不同画笔涂抹过的效果。

（10）胶片颗粒（见图7-3-43）：产生一种软片颗粒纹理效果。

图7-3-42 绘画涂抹

图7-3-43 胶片颗粒

（11）木刻（见图7-3-44）：模拟剪纸效果，看上去就像是精心修剪的彩纸图。

（12）霓虹灯光（见图7-3-45）：产生彩色氖光灯照射的效果。

图7-3-44 木刻

图7-3-45 霓虹灯光

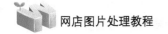

（13）水彩（见图 7-3-46）：产生水彩画的效果，加深图像的颜色。

（14）塑料包装（见图 7-3-47）：给图像涂上一层光亮的塑料，以强调表面细节。

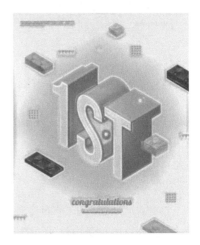

图 7-3-46　水彩　　　　　　　　　　　　　　　图 7-3-47　塑料包装

（15）涂抹棒（见图 7-3-48）：用较短的对角线条涂抹暗部区域，以柔化图像，亮部区域因变亮失去细节，整个图像显示出涂抹扩散的效果。

图 7-3-48　涂抹棒

2. 使用文字滤镜添加文字特效

文字滤镜是一种对文字进行美化和装饰的工具，可以改变文字的颜色、大小、字体等，给文字添加各种各样的效果，如模糊、旋转、阴影等，让文字更加美观和吸引人。

在了解文字滤镜后，我们需要使用 Photoshop 软件的文字滤镜，添加文字的特效。请仔细阅读文字滤镜添加案例，学习如何使用文字滤镜。

使用文字滤镜的操作步骤及关键点如下。

序号	操作步骤及关键点	操作标准
1	首先选中需要设置滤镜的文字图层，如图 7-3-49 所示	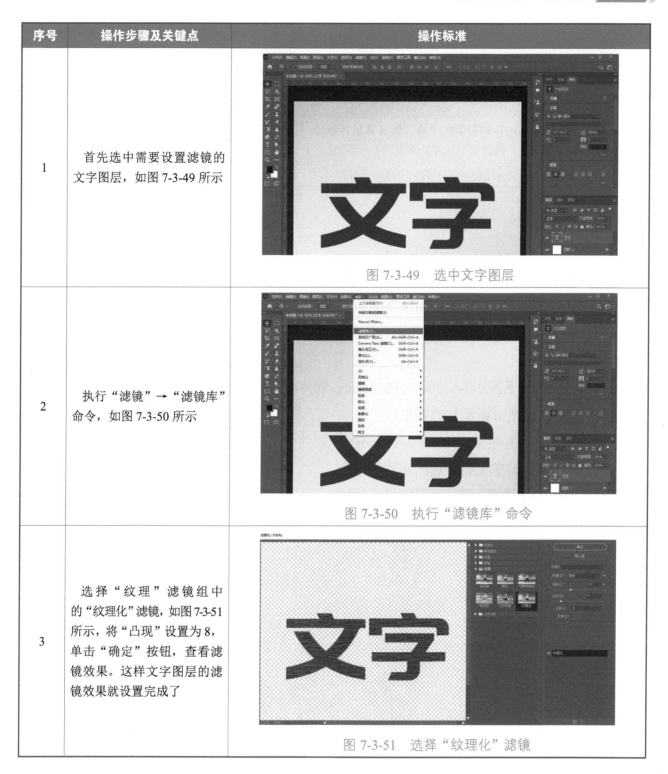图 7-3-49　选中文字图层
2	执行"滤镜"→"滤镜库"命令，如图 7-3-50 所示	图 7-3-50　执行"滤镜库"命令
3	选择"纹理"滤镜组中的"纹理化"滤镜，如图 7-3-51 所示，将"凸现"设置为 8，单击"确定"按钮，查看滤镜效果。这样文字图层的滤镜效果就设置完成了	图 7-3-51　选择"纹理化"滤镜

任务评价

　　请围绕评价内容，根据实践活动过程及活动实践结果的记录，进行学生自评与教师点评，并填写表 7-3-1。

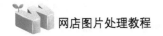

表 7-3-1　添加促销信息评价表

评价内容		分值	评价	
			学生自评	教师点评
任务7.3	了解滤镜库中各种类型的滤镜，能够掌握各种滤镜的使用方法，能说明两种常见滤镜的使用场景	60 分		
	使用文字滤镜独立对海报中的文字添加两种特效	40 分		

任务拓展

　　某茶企电商为推广新款商品，需要制作两种茶品标题，要求使用 1～2 种不同的滤镜类型进行美化。请根据下方所提供的文案素材，使用滤镜进行优化和处理，以展现两种茶品的特色与品质。

　　具体要求如下。

　　（1）将文件一（见图 7-3-52）导入 Photoshop 软件中，新建背景图层，填充白色，选择 1～2 种滤镜，制作出文案清新柔和的效果。

　　（2）将文件二（见图 7-3-53）导入 Photoshop 软件中，新建背景图层，填充白色，选择 1～2 种滤镜，制作出文案形状肌理对比强烈的效果。

图像文件	图片详情
文件一	西湖龙井 图 7-3-52　西红龙井文案图
文件二	九曲红梅 图 7-3-53　九曲红梅文案图

任务 7.4　添加装饰元素

 任务目标

- 知识目标：（1）了解滤镜的概念与原理。
  （2）掌握扭曲、模糊、渲染等常见滤镜的操作要领与使用方法。
  （3）能综合使用滤镜添加装饰元素，以提升海报的整体效果。
- 能力目标：（1）能够根据需求选择滤镜并设置相关参数。
  （2）能够根据需要为海报添加装饰元素，提升海报美观性。
- 素质目标：培养创造性思维，树立精益求精的工作态度。

 任务实践

海报装饰性元素是指那些能够增强海报视觉效果、提升吸引力、突出重点信息和增强视觉冲击力的各种元素，包括分割线、点缀图案、几何图形等。我们可以根据不同的设计风格和需求进行选择。除了添加各种元素，我们还可以通过添加滤镜来装饰海报。滤镜也被称为增效工具，在 Photoshop 软件中用来实现图像的各种特殊效果，主要分为内置滤镜和外挂滤镜两大类。我们可以通过结合不同的滤镜并调整它们的参数来实现各种独特的效果，从而满足各种创意和设计需求。

1. 了解滤镜的概念与原理

滤镜主要用来实现图像的各种特殊效果，在 Photoshop 软件中具有非常神奇的作用。所有的滤镜在 Photoshop 软件中都按分类放置在"滤镜"菜单中，使用时只需从该菜单中执行这些命令即可。滤镜的操作是非常简单的，但是真正用起来却很难恰到好处。滤镜通常需要同通道、图层等联合使用，才能取得最佳艺术效果。

 知识链接

滤镜的原理

滤镜的原理主要是通过改变光线的传播路径或改变光线的成分来达到不同的效果。常见的滤镜类型有颜色滤镜、偏振滤镜、渐变滤镜等。

（1）颜色滤镜的原理是通过吸收一部分特定颜色的光线，只允许某些颜色的光线透过，从而达到色彩调整的效果。颜色滤镜通常由染色玻璃或染色薄膜制成。

（2）偏振滤镜的原理是通过选择性地过滤掉特定方向的偏振光，从而改变光的偏振状态。偏振滤镜通常由特殊材料制成，如偏振薄膜。

（3）渐变滤镜的原理是在图像上创建一个平滑的颜色或亮度渐变，以掩盖图像上不同部分的色彩或亮度差异。渐变滤镜可以通过在图像上创建一个线性或非线性渐变来实现这种效果。

此外，一些常见的图像处理软件也提供了各种内置的滤镜，可以将其应用在图像上以实现各种艺术效果。这些滤镜的原理涉及像素值的操作，如改变像素值的大小、对比度、亮度等，以及使用各种数学算法来改变图像的外观。

总之，滤镜的原理是通过改变光线的传播路径或改变光线的成分来达到不同的效果，以实现图像的艺术化处理。

2. 添加常见的滤镜

在 Photoshop 软件中，扭曲、模糊、渲染等常见滤镜可以用于实现各种不同的效果。下面将介绍常见滤镜的操作流程与使用方法。

 知识链接

常见滤镜的操作流程与使用方法

1）扭曲滤镜

操作流程：选择需要扭曲的图像或图层，在"滤镜"菜单中选择"扭曲"选项，在其子菜单中选择需要应用的扭曲滤镜，如"波浪""旋转扭曲""挤压"等，在弹出的对话框中调整滤镜的参数，单击"确定"按钮应用效果。

使用方法：扭曲滤镜用于创建各种扭曲效果，如"波浪""旋转扭曲""挤压"等。在使用扭曲滤镜时，我们可以根据需要对其进行进一步的调整和修饰，如使用图层蒙版来控制效果的应用范围，或者使用调整图层来微调颜色和亮度等。

扭曲滤镜解析

2）模糊滤镜

操作流程：选择需要模糊的图像或图层，在"滤镜"菜单中选择"模糊"选项，在其子菜单中选择需要应用的模糊滤镜，如"动感模糊""高斯模糊"等，在弹出的对话框中调整滤镜的参数，单击"确定"按钮应用效果。

使用方法：模糊滤镜可以使图像变得模糊不清，产生一种朦胧的效果。在使用模糊滤镜时，我们可以根据需要对其进行进一步的调整和修饰，如使用图层蒙版来控制效果的应用范围，或者使用调整图层来微调颜色和亮度等。

模糊滤镜解析

渲染滤镜解析

3）渲染滤镜

操作流程：选择需要渲染的图像或图层，在"滤镜"菜单中选择"渲染"选项，在其子菜单中选择需要应用的渲染滤镜，如"光照效果""镜头光晕"等，在弹出的对话框中调整滤镜的参数，单击"确定"按钮应用效果。

使用方法：渲染滤镜用于模拟不同的光照和阴影效果，为图像增加立体感和质感。在使用渲染滤镜时，我们可以根据需要对其进行进一步的调整和修饰，如使用图层蒙版来控制效果的应用范围，或者使用调整图层来微调颜色和亮度等。

总之，Photoshop软件中的扭曲、模糊、渲染等常见滤镜可以用于实现各种不同的效果。在使用这些滤镜时，我们需要选择合适的滤镜并调整其参数，或者结合其他工具对其进行进一步的调整和修饰，以达到更好的效果。

3. 使用滤镜为海报添加装饰元素

上述滤镜仅为Photoshop软件中滤镜的一部分，在实际操作中还有很多不同类型和功能的滤镜。我们可以通过选择不同的滤镜并调整相关参数，使图像达到更好的视觉效果。需要注意的是，在使用滤镜时应谨慎调整参数，以达到理想的效果，并确保保留原始图像的质量。在了解滤镜后，我们需要使用滤镜添加装饰元素。下面请根据常见滤镜的操作流程与使用方法，学习海报的制作。

制作海报滤镜的操作步骤及关键点如下。

序号	操作步骤及关键点	操作标准
1	在Photoshop软件中，按快捷键"Ctrl+ O"打开图片素材，按快捷键"Ctrl+J"复制一层，如图7-4-1所示	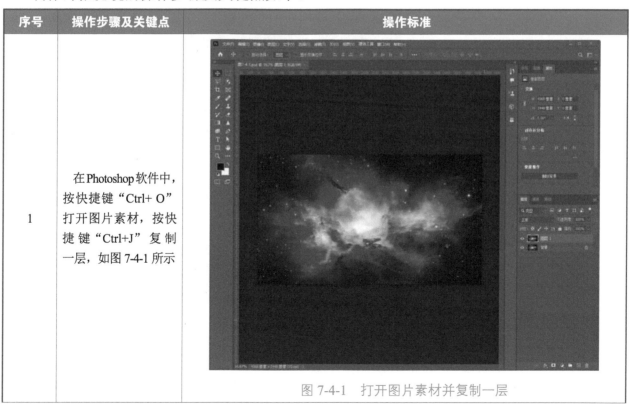 图7-4-1　打开图片素材并复制一层

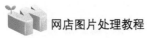

网店图片处理教程

续表

序号	操作步骤及关键点	操作标准
2	在菜单栏中执行"滤镜"→"风格化"→"风"命令，在弹出的"风"对话框中将"方法"设置为"大风"，"方向"设置为"从左"，单击"确定"按钮，如图 7-4-2 所示，查看"风"滤镜效果，如图 7-4-3 所示	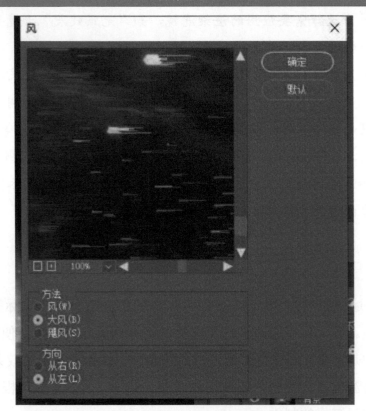 图 7-4-2　"风"对话框 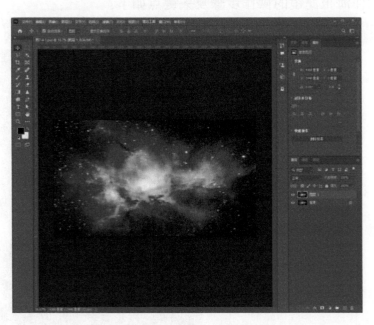 图 7-4-3　"风"滤镜效果

续表

序号	操作步骤及关键点	操作标准
3	按快捷键"Alt+Ctrl+F",重复多次添加此滤镜,如图7-4-4所示	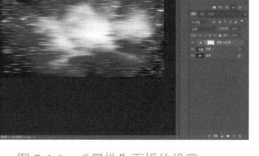 图7-4-4　重复多次添加此滤镜
4	在"图层"面板的底部单击"创建新的填充或调整图层"按钮,在弹出的下拉列表中选择"亮度/对比度"选项,如图7-4-5所示,在"属性"面板中进行设置,如图7-4-6所示	图7-4-5　选择"亮度/对比度"选项 图7-4-6　"属性"面板的设置

续表

序号	操作步骤及关键点	操作标准
5	按 快 捷 键"Alt+ Shift+Ctrl+E"合 并 图层后,按快捷键 "Ctrl+T"并在图像 上右击,在弹出的快 捷菜单中执行"逆 时针旋转90度"命 令, 如 图 7-4-7 所 示,将图像逆时针旋 转90°。按快捷键 "Ctrl+T"使用自由 变换工具调整画面, 如图7-4-8所示	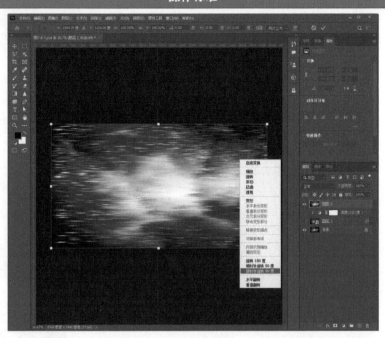 图 7-4-7　执行"逆时针旋转 90 度"命令 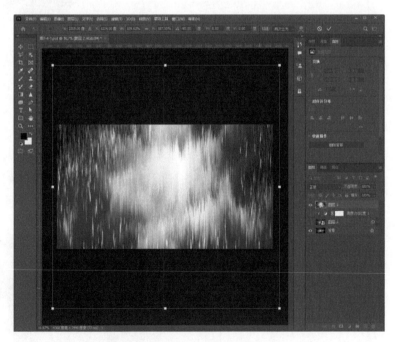 图 7-4-8　调整画面

续表

序号	操作步骤及关键点	操作标准
6	在背景中加入文字并进行排版，一张酷炫的海报就制作完成了，如图 7-4-9 所示	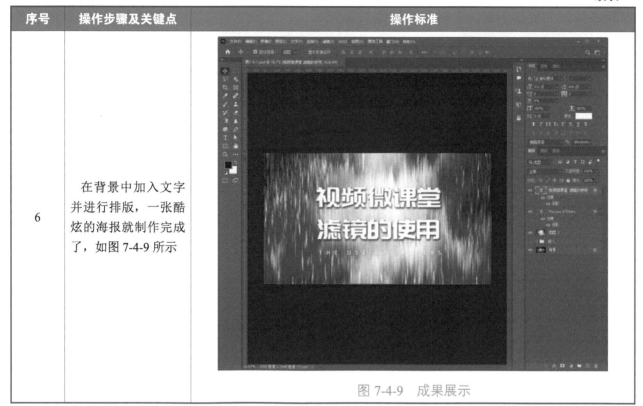 图 7-4-9　成果展示

 任务评价

请围绕评价内容，根据实践活动过程及活动实践结果的记录，进行学生自评与教师点评，并填写表 7-4-1。

表 7-4-1　添加装饰元素评价表

评价内容		分值	评价	
			学生自评	教师点评
任务 7.4	理解滤镜的概念，能够说明两种滤镜的原理	20 分		
	能够合理设置海报的扭曲、模糊、渲染等内置滤镜的各项参数	30 分		
	使用两种不同风格的滤镜设计海报效果，并完成海报的制作	50 分		

 任务拓展

互联网茶企需要用商品的语言和消费者进行沟通交流，同时做好线上流量的引流和数据化运营，让商品找到目标受众，进而提升线上平台的运营与营销效率。符合商品风格的宣传

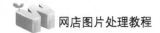
网店图片处理教程

图对店铺引流非常重要。请根据本任务所学知识，通过滤镜技术和下方提供的相关素材，为电商海报添加更加丰富、个性化的装饰效果元素。

具体要求如下。

（1）将文件一（见图7-4-10）导入Photoshop软件中，复制3个图层，分别使用扭曲、模糊、渲染3类常见滤镜对各图层设计特效，完成后导出3张图片进行对比总结。

（2）将文件二（见图7-4-11）导入Photoshop软件中，复制2个图层，分别使用风格化中的2种滤镜进行图片美化，完成后导出2张图片进行对比总结。

图像文件	图片详情
文件一	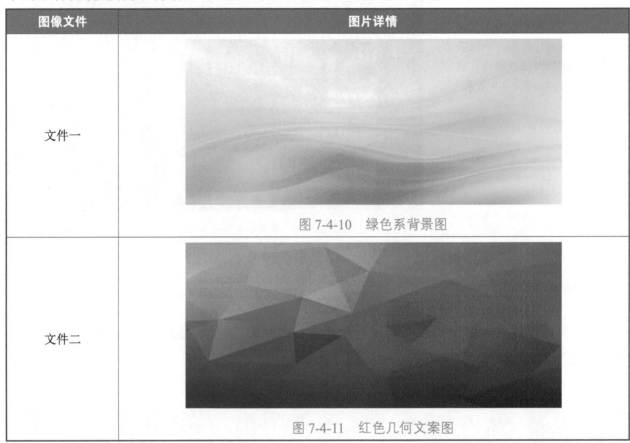 图 7-4-10　绿色系背景图
文件二	图 7-4-11　红色几何文案图

反侵权盗版声明